Moho
二维数字动画制作详解

微课实训版

谢猛军　周璇◎著

清华大学出版社
北京

内 容 简 介

本书主要基于工作流程的方式来介绍如何使用Moho软件制作动画。全书共7章，内容涵盖Moho基础、绘制矢量图形、特色图层、节点动画、骨骼的创建与设置、角色模型动画综合案例、位图角色模型与动画等方面的知识。全书有40多个精选实操案例，每个流程节点都有相应的典型案例，每个实操案例都配有详细视频讲解、素材资源和相关工程文件。书中还为Moho的绝大多数工具提供详细视频讲解，总时长超25小时，可随时扫描二维码观看。

本书作为Moho软件的工具书、入门书，适合中、高等院校动画、数字媒体及相关专业的师生使用，也适合想要了解Moho的专业人士和动画爱好者阅读。

图书在版编目（CIP）数据

Moho 二维数字动画制作详解：微课实训版 / 谢猛军，周璇著 . —北京：清华大学出版社，2022.6
ISBN 978-7-302-60947-6

Ⅰ . ① M… Ⅱ . ①谢… ②周… Ⅲ . ①二维—动画制作软件 Ⅳ . ① TP391.414

中国版本图书馆 CIP 数据核字 (2022) 第 088992 号

责任编辑：王中英
封面设计：郭 鹏
责任校对：徐俊伟
责任印制：杨 艳

出版发行：清华大学出版社
      网 址：http：//www.tup.com.cn，http：//www.wqbook.com
      地 址：北京清华大学学研大厦 A 座   邮 编：100084
      社 总 机：010-83470000   邮 购：010-62786544
      投稿与读者服务：010-62776969，c-service@tup.tsinghua.edu.cn
      质 量 反 馈：010-62772015，zhiliang@tup.tsinghua.edu.cn
印 装 者：小森印刷（北京）有限公司
经 销：全国新华书店
开 本：188mm×260mm   印 张：18.5   字 数：470 千字
版 次：2022 年 7 月第 1 版   印 次：2022 年 7 月第 1 次印刷
定 价：99.00 元

产品编号：096157-01

编 委 会

主 编

谢猛军　周　璇

副主编

袁懿磊　刘志明　吴　莹

周小茗　樊　廷

Moho是一款优秀的二维数字动画制作软件，也是一个优质高效的动画生产力工具。客观地讲，当前Moho在国内动画行业中使用不广泛，原因有多方面，对其认知不足是主要原因之一，另一个原因是Flash（AN）在国内行业普及应用的时间较长，大部分人都在习惯性地使用它，各团队流程协作比较方便，而转换成其他新工具需要成本，因此转换过程较慢。

随着近年来大家对Moho的认知越来越全面，Moho强大的模型动画功能获得越来越多的认可，它可以快速提升动画制作质量和效率，在矢量角色动画和位图角色动画的制作中都有很好的表现，由此越来越多的动画企业和团队开始在项目中使用Moho技术，各学校的专业教育也在逐步跟进，业内规模化应用Moho的进程正在悄然发生！

本书使用Moho12.5版本，以Moho角色动画制作工艺流程为学习路径，以实操案例为依托，全面介绍Moho动画制作相关知识。本书各章主要包括流程说明、实训案例、学习资源（微视频形式）、技能训练（线上）、实用小技巧和常见问题模块。

全书有40多个精选实训案例，案例的设计从易到难，由简至繁，符合学习认知规律，能让学习者由浅入深、循序渐进地学习。每个实操案例都提供素材资源和相关工程文件给学习者使用。全书配套有180多个高清视频，总时长超过25小时，可随时扫二维码观看。每个实操案例都有详细的视频操作讲解示范。

软件的工具介绍不占用篇幅，本书针对Moho各个模块的绝大多数工具，都有单独配套的详细讲解微视频，方便大家查阅学习。

院校师生使用本书时，可以配套智慧职教平台国家级影视动画教学资源库子项目《Moho二维动画制作技术》学习，该平台还提供了视频、课件、试题和其他学习资源，教师可以方便地引用相关资源组织教学活动。

为方便各位学习者探讨Moho问题，欢迎大家加入QQ群：1020239036，在学习应用Moho过程中有任何问题可以提出来大家讨论，也可以将问题整理后发到邮箱30764407@qq.com，我会尽力解答。

本书成书仓促，不足之处，敬请各位批评指正。

谢猛军

2022年5月18日于珠海

目 录

1 第1章 Moho基础

12 第2章 绘制矢量图形

97　第5章　骨骼的创建与设置

254 第7章 位图角色模型与动画

第 1 章 | Moho基础

Moho作为一款数字二维动画软件，适用于绝大多数的二维数字动画项目（逐帧动画除外），包括电影动画、电视动画、广告动画、网络动画、个人动画等二维数字动画类型。

Moho容易上手，学习成本低、流程简洁，利用模型制作动画因而对动画师造型绘画能力要求不高，其强大的骨骼系统能大幅提升制作效率，有利于动画师把精力更多地投入在动作表演上，因为Moho具备这些优势，目前动画行业的企业对Moho的应用需求正加速扩大。

在深入学习Moho之前，有必要对其进行概要性的了解。本章将简要介绍Moho的历史及特色、主要应用领域、与其他二维数字动画软件工具的比较、工艺流程、界面认知、0帧概念、创建与保存以及动画输出等内容。通过本章的学习和实训，读者可以了解Moho软件的主要特色与应用，掌握软件的基本操作，并做好深入学习的准备。

1.1 软件简介

1.1.1 Moho 的历史及特色

Moho是美国Lost Marble公司研发的一款二维数字动画制作软件，从1998年推出迄今已有20多年的发展历史，2006年软件名称变更为Anime Studio，2016年后又改回Moho，目前该软件的最新版本为13.5，如图1-1所示。

图1-1

Moho本质上是一款基于节点关键帧制作的二维动画软件，矢量图形构成的基本元素是节点，通过控制节点的位移和曲率使线段产生变化，进而使图形产生变化，Moho通过计算、记录这些变化产生动画效果，如图1-2所示。

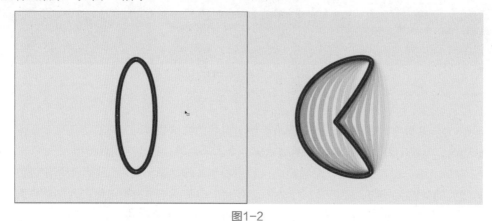

图1-2

Moho是一款极具特色的动画工具。

1. 强大的骨骼系统

骨骼系统是Moho最大的亮点，角色图形制作完成后，可以通过骨骼集成控制节点的移动变化，通过骨骼模拟角色物体的骨骼运动。Moho能通过建立2D角色模型（如图1-3所示），在动画中利用强大的骨骼系统快速完成角色动作，虽然拥有骨骼系统的二维软件并不少，但Moho的骨骼系统无疑是其中出类拔萃的。

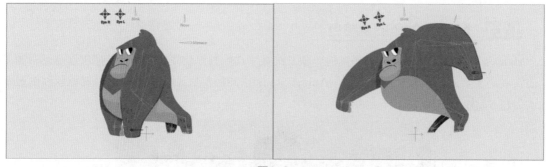

图1-3

Moho还可以通过智能骨骼（控制器）对角色状态、图形进行预设定，在制作中快速调用，同时进行细致的节点调整以产生更细腻的动作变化。另外，角色的模型可以重复使用。

2. 优秀的矢量图形动画和位图图形动画功能

Moho主要以矢量图形动画为主，图形线宽自适应，可以应用丰富的笔刷和图形填充效果（如图1-4所示），矢量图形中几乎所有元素都可以被精确控制，并记录其变化如节点的位置、曲率、颜色等，线条的位置、形状、颜色、显隐、大小等，图形的层次、大小、显隐、位置等产生动画效果。

Moho动画模块提供丰富的关键帧插值，以及可编辑的贝塞尔曲线控制节奏，自动动画过渡流畅。

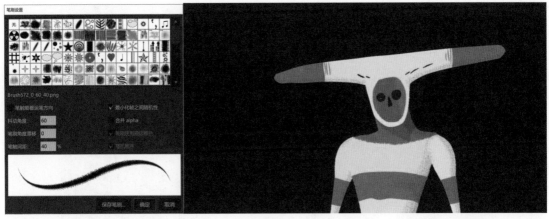

图1-4

在其他绘图软件中设计的位图作品导入Moho后，可以通过骨骼权重、三角化网格和绑定影响位图，控制位图获得优秀的动画效果（如图1-5所示）。Moho还容许在同一个工程模型中同时应用矢量图形和位图图形。

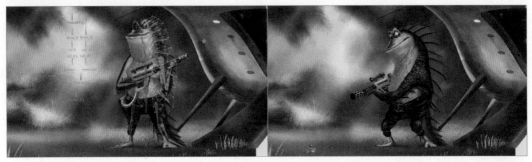

图1-5

3. 其他特色功能

Moho拥有多类型的特色图层，可分别实现不同的效果。摄影机功能能模拟图层的层次空间，粒子系统也能提供不错的动画模拟效果。

Moho 的历史及特
色介绍微视频

1.1.2　Moho 的应用领域

Moho适用于绝大多数的二维数字动画项目（传统逐帧动画除外）。

Moho在国外应用的项目中比较知名的有电影《欢乐海鹦岛》（如图1-6所示）、《海洋之歌》（如图1-7所示）、《养家的人》、《狼行者》，电视剧《海鹦岛》等。朝鲜应用Moho制作动画已经比较普遍，他们的动画师主要利用Moho 的节点动画功能制作。

Moho在国内由于多种原因的影响，目前还未达到大规模应用的程度，但很多动画制作企业正在加速了解和应用，在课件动画、广告动画、网络动画、短视频动画等领域逐步流行，近年有快速发展的趋势，正逐步挤占Flash等二维软件市场份额，是一款很有发展前景的二维动画软件工具。

图1-6   图1-7

　　Moho对于小型动画团队或个人制作动画非常适用，针对小型商业动画、课件动画、造型相对简洁的角色动画、对上色要求比较复杂的动画、位图风格化动画以及对动作的透视造型要求不高的动画等，制作效率都很高。

　　　　　　　　任何一款软件都有自己的长处和短板，Moho也一样，其在绘图功能上还不够完善，与电脑设备资源优化上还不完善，与其他主流绘图软件对接匹配上还不完善，但作为一款生产工具，只要项目和它的特色优势匹配，就能很好地提升效率和质量。

Moho 的应用领域
介绍微视频

1.1.3　Moho 与其他二维动画工具的比较

1. Moho与逐帧动画工具比较

　　（1）相对于逐帧动画（以逐帧绘制为主）软件工具，如主流的Toonboom Harmony、TVPaint、Retas等，Moho工艺流程中没有修形、中间画和上色的环节，利用模型制作动画，过渡帧自动生成，节省了大量时间，提高了效率。

　　（2）由于Moho主要利用模型制作动画，对动画师的造型绘画能力要求不高，完全利用模型制作动画，不用担心角色跑形问题，降低了二维动画师的从业门槛。

2. Moho与Animate CC（原Flash）软件比较

　　（1）Moho利用直观的骨骼系统控制图层的移动、旋转和缩放，比Animate CC选取图层逐个操控节省了大量的时间，提高了效率。

　　（2）Moho每个节点都可以编辑自动动画，制作角色形变动画更加流畅。

　　（3）Moho在位图动画方面的表现更优秀。

3. Moho与Spine比较

　　（1）Spine没有矢量图形动画功能。

（2）Moho拥有和Spine差不多的位图动画功能，但目前Spine在位图编辑方面更优秀。

1.2 Moho 动画工艺流程

Moho的制作工艺流程非常简洁（如图1-8所示），主要分**建模**和**动画**两个环节。建模部分可以分矢量图形角色和位图角色两种类型，而且这两种类型在骨骼部分的工序都是一致的。动画部分分模型动画和节点动画两种类型：模型动画是指主要利用创建的角色骨骼模型制作动画，节点动画是指不借助骨骼功能直接利用节点移动的方式制作动画，它也是Moho最基础的动画方式。

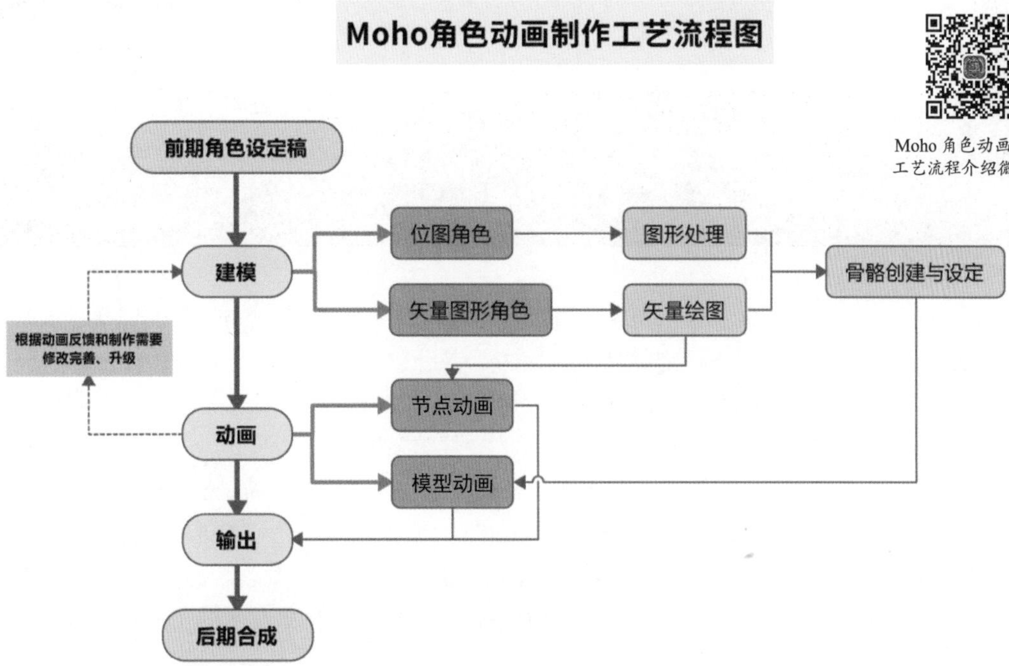

Moho 角色动画制作
工艺流程介绍微视频

图1-8

如果按流程设立岗位，只需要设立Moho模型师和动画师岗位即可。

Moho模型师的主要工作内容是，根据设定稿完成角色的绘制或处理，给角色创建骨骼模型，使模型能够满足动画制作的需要，并根据动画制作的反馈以及项目的其他要求完善迭代和完善模型。

Moho动画师的主要工作内容是，利用角色模型或矢量图形根据项目的要求完成动画制作。

1.3 Moho 的基础认知与操作

1.3.1 界面认知

默认情况下，Moho的界面布置如图1-9所示。

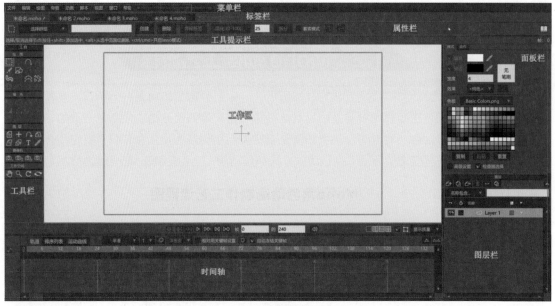

图1-9

（1）菜单栏：为软件的大多数功能提供入口，在Moho的9个菜单标签中，绘图、骨骼、动画和脚本是特色标签，部分重要操作需要在菜单栏的命令中进行。

（2）标签栏：Moho容许同时开启多个项目，在标签栏中会显示当前开启的文件名称，单击相应标签即切换到文件的编辑状态。

（3）属性栏：属性栏会根据当前所选择的工具的不同，显示不同的属性内容，在属性栏可以对工具的功能进行更细化的操作。在属性栏的下方有一个工具提示栏，告诉我们这个工具的主要功能，以及结合快捷键的用法（这个功能对于新手来说真的很贴心）。

（4）工具栏：Moho的所有工具都会集合在界面左侧的工具栏，包括一些第三方的脚本插件，在安装成功后也会集合在这里。

（5）工作区：是Moho的主要操作区域，在这个区域内创作和查看动画或者图形，工作区蓝色方框内的内容才会被渲染显示。

（6）面板栏：默认情况下面板栏区域显示样式栏，可以通过菜单栏中的"窗口"菜单添加或取消显示相应栏。

（7）图层栏：与其他图形创作软件一样，Moho的图层栏用于在创作时给图形分层、对图层进行编辑等。另外，Moho提供多个特色图层类型。

（8）时间轴：时间轴面板是用于给图形画面设置动画的关键区域，时间轴上显示的是当前图层的动画信息，不同图层的动画信息可能不一样。

1.3.2 开始之前的设置

在正式开始使用Moho软件之前，可以在"编辑"菜单下的"参数选项"选项中对软件进行一定的设置，如图1-10所示。

图1-10

（1）"常规"标签下的界面语言：可以设置软件界面为中文、英文或者其他语言。

（2）在"文档"标签下勾选"自动保存以防崩溃"选项。

（3）在"图层/对象"标签下勾选"为新层启用缩放补偿"选项，这样矢量图层在缩放时会自动缩放边线粗细，以适应图形边线比例。

（4）在"时间轴"标签下勾选"高亮显示0帧"选项，这样当时间轴指针处于0帧时，工作区外围会有一个红色方框边线高亮显示，提示目前处于0帧。

开始之前的设置
微视频

1.3.3 "0帧"的概念

Moho的时间轴的起始位置是0帧（如图1-11所示），大多数动画或视频软件都没有0帧的概念，这是Moho的一个比较有特色的设定。

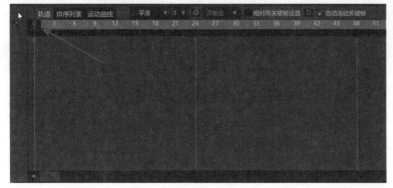

图1-11

0帧的概念微视频

Moho的0帧是用来绘制角色图形和创建模型的，非0帧（从1帧到后续的帧）才是正式处理动画的区域，在非0帧很多关于绘制图形和创建模型的工具无法使用或不会显示。很多初学者刚接触Moho时会对软件的这个设定不熟悉，经常找不到想要的工具，这时要检查当前帧是否为0帧。

只有在0帧创建了的图形元素，才能在非0帧显示和表现动画效果，相对于其他动画软件可以在动画帧的中途增减帧或对图形进行删减增加编辑，在Moho的非0帧不能对图形进行删减或增加处理。这是一个很特殊的软件逻辑，需要熟悉。只要记住：**0帧用来绘制角色图形和创建模型，非0帧用来创作动画**，在非0帧不能对0帧创建的图形做增减编辑，只能对已创建的图形做动画编辑。

1.3.4 工程创建与保存

1. 新建工程

当要创建一个新的工程时，单击"文件"菜单下的"新建"命令（如图1-12所示），Moho即会创建一个新的工程，新工程的参数设置为默认值。在新工程中会默认自动创建一个矢量图层。Moho可以同时创建编辑多个工程。

可以在"文件"菜单下的"工程设置"中（如图1-13所示），查看和修改工程的参数设置，其中最主要的设置是画面尺寸和帧率，其他保持默认值即可。Moho的默认画幅宽度和高度为1280×720，帧率为24。也可以选择其他预设定，或者自己根据需要设定其他特殊数值，并可以将自己的设定储存为默认值，这样下次新建工程时，将以新的默认值创建。

图1-12

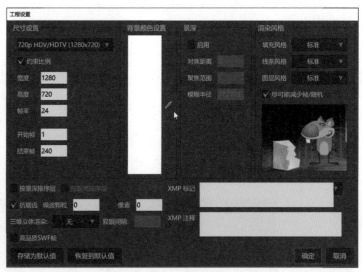

图1-13

2. 保存工程

单击"文件"菜单下的"保存"命令，可以保存当前工程，快捷键为Ctrl+S。

新建的Moho工程在第一次保存时会弹出一个对话框（如图1-14所示），用于指定工程保存的文件路径和文件名，工程文件的扩展名为moho。

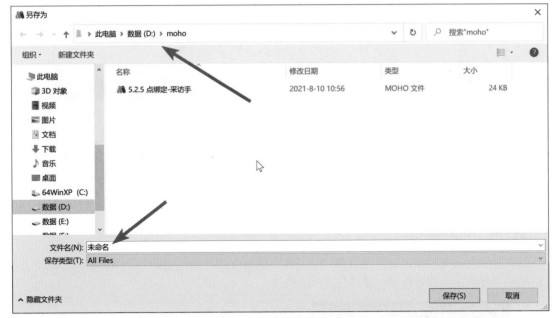

图1-14

新建的Moho工程完成一次保存后，在后续创作过程中，再次单击"文件"菜单下的"保存"命令，即以同文件名、同路径覆盖原文件。若想保存为其他文件名或其他路径，则单击"文件"菜单下的"另存为"命令。"文件"菜单下的"全部保存"命令用于同时保存所有已经打开并进行了修改的、还未保存的工程。

3. 打包工程

很多情况下，在创作时需要在工程中导入外部文件，如角色位图素材、作为背景的位图、音频文件以及视频文件等，这些素材文件并不会直接保存在Moho工程中，而是以记录链接信息的方式调取本机素材使用。因此可以看到Moho工程文件一般都很小，因为它没有包含其他外部置入的文件。

工程创建与保存
介绍微视频

这样就会导致一个问题：当素材改变路径或名称时，或将工程转移到另一台电脑编辑时，文件链接信息就会被打断，打开工程文件会显示无法找到相关素材。因此，把置入了外部文件的工程进行打包，可以方便地解决这个问题。

单击"文件"菜单下的"项目打包"命令，可以对当前工程打包保存（如图1-15所示）。打包工程的逻辑是将工程中所有外部素材都收集起来，储存在一个文件夹中，文件夹包含Moho工程文件、不同类型的素材子文件夹（如图像、音频、影片）以及材料清单文档等（如图1-16所示）。

图1-15

图1-16

工程打包后若要在其他电脑中编辑，只需要将以工程文件命名的文件夹复制粘贴到其他电脑，打开文件夹里的Moho文件即可。

1.3.5 动画输出

当需要将动画工程输出时，可以单击"文件"菜单下的"输出动画"命令。在弹出的对话框中可以对工程输出进行相应的设置，如图1-17所示。

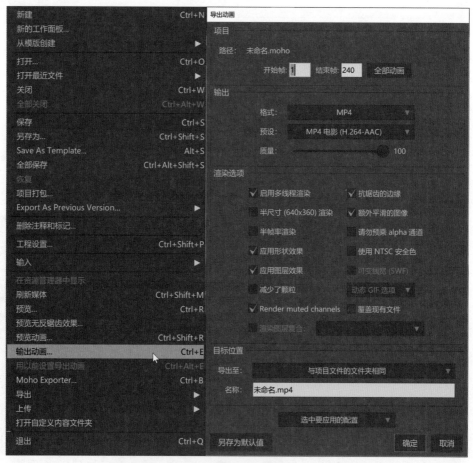

图1-17

一般情况下，Moho制作的动画内容输出为PNG格式的序列图像，然后在其他后期软件中合成编辑。如果直接输出视频，则一般输出为MP4格式的视频文件。

1. 输出动画的主要设置及简要说明

（1）项目。

● 路径：当前输出的工程文件名称。

● 开始帧、结束帧：设置需要输出的动画帧数范围。

（2）输出。

● 格式：选择需要的输出格式，一般为MP4视频格式或图像序列PNG格式。

● 预设：对应输出格式的预设。

● 质量：部分格式可以调节输出质量，最高为100。

（3）渲染选项。

● "渲染选项"中的设置一般保持默认即可。

● 半尺寸渲染：以当前工程尺寸的一半进行渲染，这个设置比较方便在确认一个动画工程前的检查，因为半尺寸渲染可以比较快速地获得渲染结果，以便查看最终的动作节奏等。

（4）目标位置。

● 导出至：选择工程文件输出的文件夹位置。

● 名称：设置输出文件的名称。

2. 批量输出

动画输出介绍微视频

Moho允许多个工程批量输出，单击"文件"菜单下的Moho Exporter命令进行批量输出，如图1-18所示。

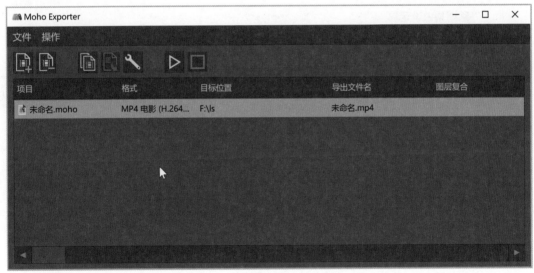

图1-18

第**2**章 | 绘制矢量图形

　　矢量图形是依靠电脑软件的算法生成的图形，由点连接成线，由线连接成面。矢量图形中的图形元素称为**对象**。每个对象都是一个自成一体的实体，具有颜色、形状、轮廓、大小和屏幕位置等属性。**位图**是由许多小方块的像素组合而成的，相对于位图而言，矢量图形最大的优点是图形放大后不会失真，而且易于编辑。

　　作为一款二维动画软件，Moho可以独立完成从图形绘制到动画制作和工程输出等工序。矢量图形绘制工序是后续节点动画和模型动画制作的前置基础（如图2-1所示），因此在动画开始前，必须熟悉Moho的绘图模块，掌握绘图工具的使用方法和技巧。

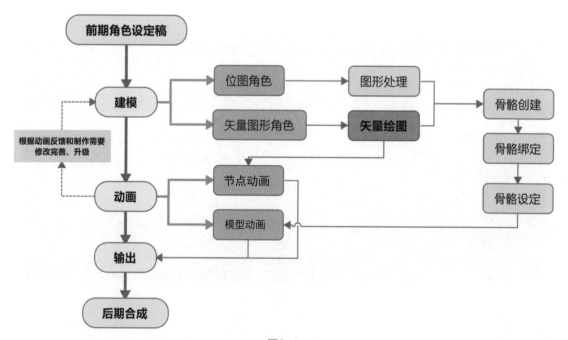

图2-1

　　矢量图形是Moho的主要创建和应用图形类型，后续的节点动画与模型动画应用，主要基于矢量图形开展。本章主要学习Moho 绘制矢量图形的基础知识，包括实训案例操作、绘图相关工具的认知学习等，通过本章的学习，将掌握综合运用Moho工具进行矢量图形绘制的知识技能。

2.1 实训案例

红心图案绘制微视频

2.1.1 红心图案

如图2-2所示的红心图案需要综合运用绘图和填充工具进行绘制，通过学习本案例可以快速地认识和掌握图形绘制的主要工具。

（1）新建一个工程文件，确保矢量图层被激活，时间轴的指针在0帧，如图2-3所示。

📁 在Moho中，绘制矢量图形必须在矢量图层中进行，在其他非矢量类型的图层中无法使用矢量绘图工具。新建矢量图层：单击图层面板中的"新建层"标签，单击"矢量"。

图2-2

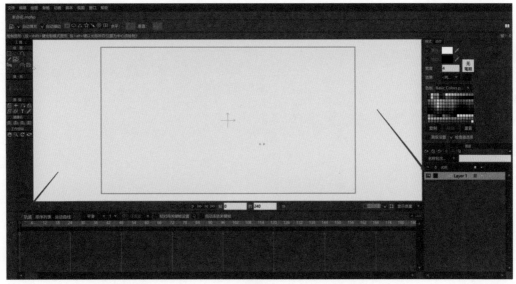

图2-3

（2）在绘图工具栏中单击绘制图形工具，取消勾选"自动填充"和"自动描边"复选框，单击椭圆形状图标，如图2-4所示。

图2-4

📁 绘制图形工具可以快速地绘制基本图形，工具详解请扫码查看2.2.1节中"绘制图形工具"微视频。

（3）按住Shift键，拖动鼠标，创建一个正圆路径，如图2-5所示。

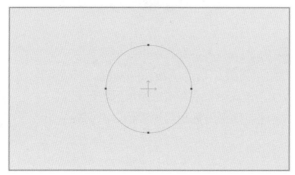

图2-5

习惯使用快捷键将大幅提升制作效率，绝大部分快捷键在当前工具提示栏中都有提示。

（4）选择转换节点工具，单击选择圆形上方的节点，按住Shift键，拖动鼠标将其垂直移动到如图2-6所示位置。

图2-6

转换节点工具用于移动、缩放、旋转和焊接节点等操作，工具详解请扫码查看2.2.1节中"转换节点工具"微视频。

（5）使用曲率工具将圆形上下两个节点的曲率调整为0，如图2-7所示。

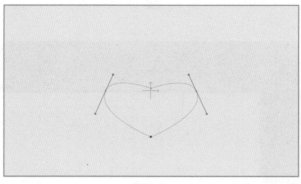

图2-7

曲率工具用于调整被选择节点的贝塞尔曲率以及控制线条曲线走向，工具详解请扫码查看2.2.1节中"曲率工具"微视频。

（6）选择转换节点工具 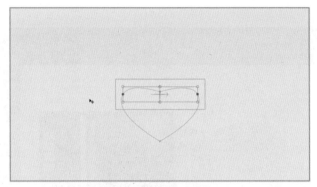，按住Ctrl+Shift快捷键选择左右两个节点，然后按住Alt键，向图形内部方向拖动鼠标，让两个节点的位置向中心缩小一些，使图形路径看上去更像一个心形，如图2-8所示。

图2-8

（7）按住Ctrl+Shift快捷键选中左右两个节点，同时切换为曲率工具 ，将两个节点的曲率调整为0.5 ，使心形更加饱满，如图2-9所示。

图2-9

（8）选择创建图形工具 ，在属性栏中激活"两者"标签 ，单击心形路径边缘，将路径激活为创建填充和笔画状态，如图2-10所示。

图2-10

创建图形工具 用于着色一个区域范围或者某个线段，工具详解请扫码查看2.2.2节中"创建图形工具"微视频。

红心图案绘制
工程文件

（9）在样式栏中分别勾选"填充"和"描边"复选框，指定填充颜色为粉红色，描边颜色为暗红色，将线条宽度调整为8，如图2-11所示。然后单击"创建图形"按钮（或按Enter键）创建图形。

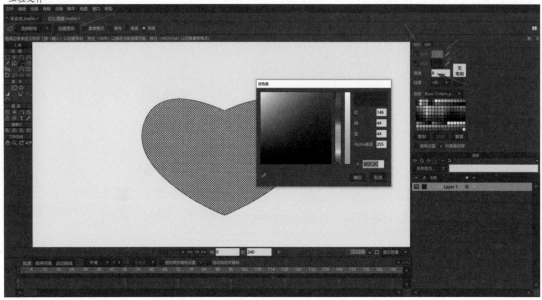

图2-11

📀 样式栏面板主要用于设置图形线条和填充的颜色、效果等，分为基础面板和高级面板，详解请扫码查看2.2.3节中"样式栏"微视频。

（10）按Ctrl+R快捷键渲染单帧预览图，完成红心图案的绘制，如图2-12所示。

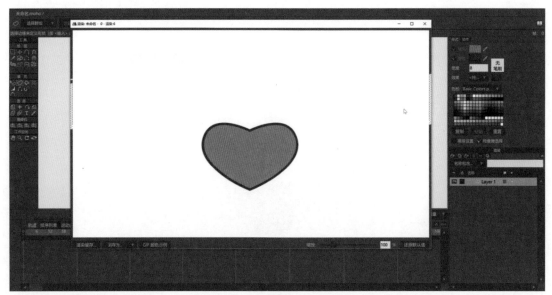

图2-12

2.1.2 奥运五环

图2-13

如图2-13所示的奥运五环标志由五个环环相扣的圆环组成，绘制时需要用到图形分割和图形元素的层次调整等综合绘制技巧。

（1）新建一个工程文件，在视图菜单栏中选择"选择临摹图像"选项，在弹出的对话框中选取准备好的奥运五环图片，如图2-14所示。

奥运五环绘制微视频　奥运五环绘制素材文件

图2-14

（2）使用绘制图形工具，绘制圆环的两个同心圆形路径，如图2-15所示。同心圆绘制技巧见2.4节的"实用小技巧"部分，或观看本案例视频。

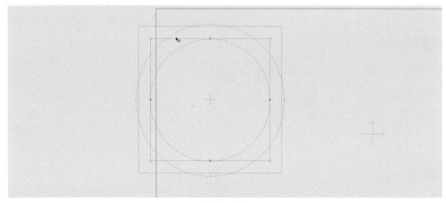

图2-15

（3）圆环之间是交叉相连的，常规的圆形填充无法达到交叉连接的效果，因此需要考虑利用图形层次的功能特性，将一个圆环分割成两个部分，分别创建为两个不同的图形来实现。使用增加节点工具，将两个圆形两边的节点用线段连接起来（节点焊接），这样就把圆环路径分割成了两个封闭的区域，如图2-16所示。

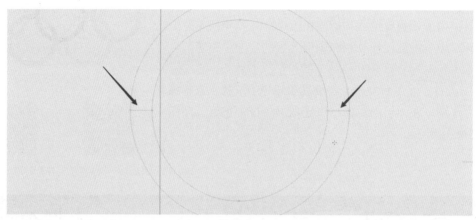

图2-16

⊟ 增加节点工具█用于绘制线条，工具详解请扫码查看2.2.1节"增加节点工具"微视频。

（4）复制完成的圆环路径，对应参考图片放置到合适的位置，如图2-17所示。

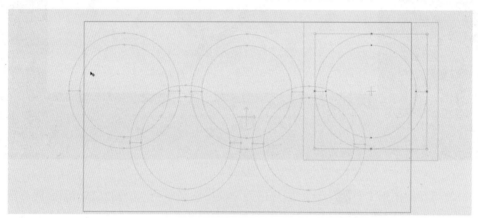

图2-17

（5）由于临摹图像大于工程的画面尺寸，绘制完成后图形路径有一部分在画框以外，使用转换节点工具█，选中所有的节点，将图形路径缩放到画框范围内，如图2-18所示。

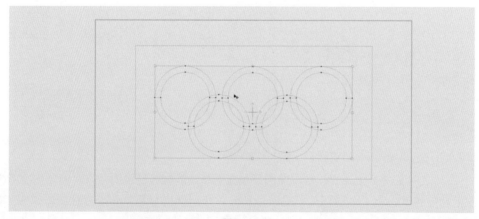

图2-18

（6）在样式栏中单击"色板"右侧下三角，在下拉菜单中单击"自定义图像"，在弹出的对话框中选择奥运五环图片，图片就出现在色板中，方便我们直接在图片上进行吸色操作，如图2-19所示。

图2-19

（7）使用创建图形工具 ，选择蓝色圆环路径的上部半环路径节点，上部半环处于待创建图形状态，在样式栏"填充"项中，用吸管吸取"色板"图片中的蓝色，如图2-20所示。

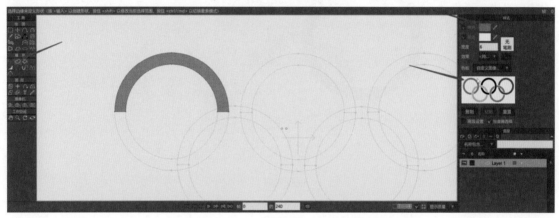

图2-20

（8）单击创建图形工具属性栏中的"创建图形"按钮，或者按Enter键，创建图形，如图2-21所示。

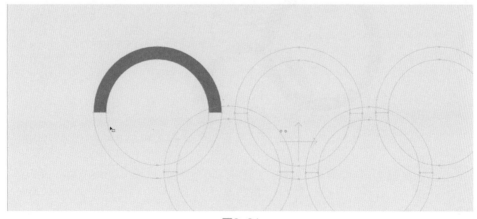

图2-21

（9）用同样的方法，将蓝色圆环的下部分创建完成，如图2-22所示。

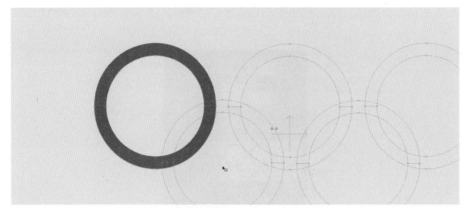

图2-22

（10）用同样的方法创建黄色圆环的上部分，如图2-23所示。

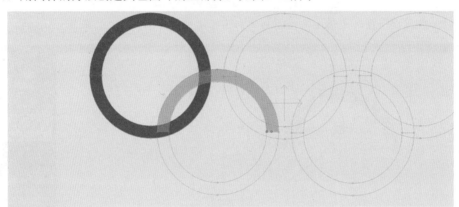

图2-23

（11）黄色圆环的上部分应该在蓝色圆环的下面，被蓝色圆环遮挡，使用选择图形工具，在确保黄色图形被选中的情况下（图形半透明马赛克显示），按向下方向键，将图形层次移到蓝色圆环下方，如图2-24所示。

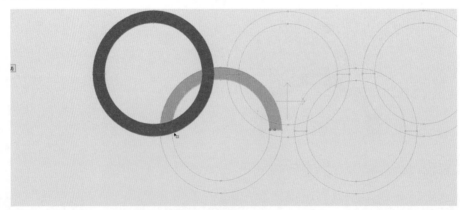

图2-24

选择图形工具用于选择一个或多个图形、删除被选择图形、调整被选择图形的属性和调整图形的层次关系等，工具详解请扫码查看2.2.2节"选择图形工具"微视频。

（12）继续创建黄色圆环的下半部分，这时会发现两个圆环的交接处穿帮，如图2-25所示。

图2-25

（13）使用转换节点工具➕选中黄色圆环的所有节点，将其顺时针旋转至合适位置即可，如图2-26所示。

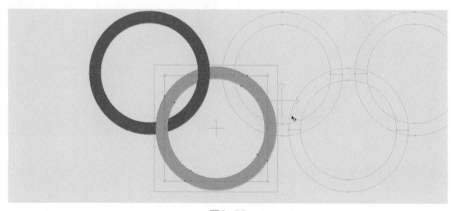

图2-26

（14）渲染图片，查看效果，如图2-27所示。

图2-27

（15）处理圆环的描边效果。使用创建图形工具 ，选择蓝色圆环的外环4个节点，在工具属性栏中激活"笔画"，如图2-28所示。

（16）单击"创建图形"按钮，创建一个白色的描边，获得一个白色的圆形，描边的大小可以在样式栏中的"宽度"中设置。注意：这个白色的圆形是一个新的图形，它与其他已创建的图形是各自独立的，而且图形的层次序也不一样，在确保白色圆形被选中的情况下（图形半透明马赛克显示），按Shift+向下方向键，将图形层次移到所有图形的下方，如图2-29所示。

图2-28

图2-29

（17）用同样的方法对蓝色圆环的内圆做描边处理，并放置在最下层，如图2-30所示。

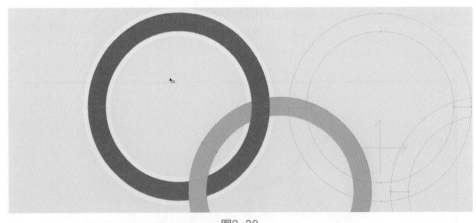

图2-30

（18）由于圆环的交互关系，黄色圆环的描边需要像之前的填充一样分段处理，并放置在合适的层次。调整图形的层次时需要了解的是，每个单独创建的图形都是一个新的图形，都有独立的层次属性——即使是利用同一个路径中的不同部分创建的图形，如图2-31所示。

图2-31

（19）在调整图形层次的过程中，如果出现如图2-32所示的穿帮，那是描边默认属性是圆头的原因。

图2-32

（20）使用选择图形工具 选择该描边图形，勾选"样式栏"中的"高级设置"复选框，取消勾选"圆角"复选框，如图2-33所示。

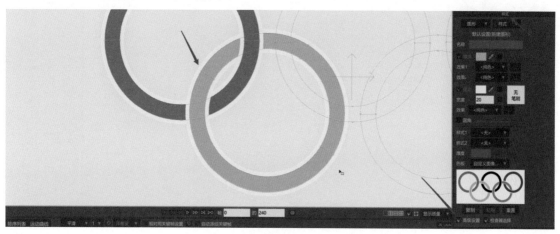

图2-33

（21）用以上方法继续完成另外三个圆环的绘制，如图2-34所示。

奥运五环绘制
工程文件

图2-34

2.1.3 有籽西瓜

有籽西瓜的效果如图2-35 所示，绘制时需要综合运用路径组合切割、显隐边线和同一路径创建不同图形等技巧。

有籽西瓜绘制微视频

图2-35

（1）新建一个工程文件，使用绘制图形工具 ，在矢量图层的0帧绘制一个圆形和一个三角形的路径，如图2-36所示。

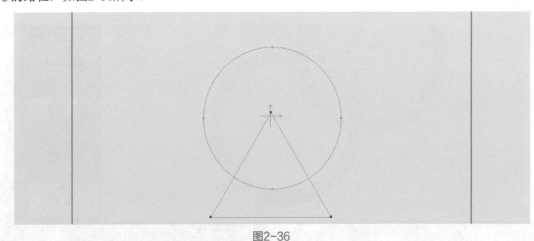

图2-36

（2）使用选择节点工具 ，选择三角形或圆形或全选两个路径，单击属性栏中的"焊接断面"，两个路径的交叉处会产生两个焊接点，如图2-37所示。

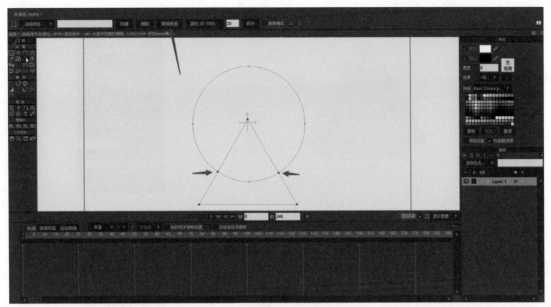

图2-37

选择节点工具![]主要用于选择节点、创建节点组、删除节点、拆分节点、焊接交叉节点等，工具详解请扫码查看2.2.1节中"选择节点工具"微视频。

（3）使用删除边线工具![]删除多余的线段，获得一个扇形路径，如图2-38所示。注意：在删除线段的同时会删除组成线段的节点，节点的删除可能会影响到被保留线段的贝塞尔曲率，导致被保留的线段发生不必要的变化，这时可以在删除线段时按住Alt键禁用智能修整。

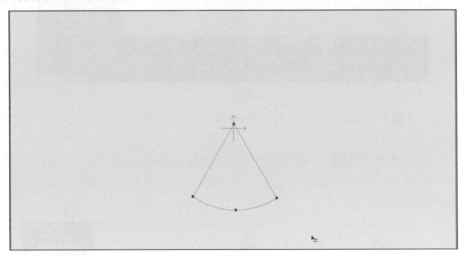

图2-38

删除边线工具![]用于删除不想要的线段，工具详解请扫码查看2.2.1节中"删除边线工具"微视频。

（4）利用创建图形工具![]给扇形路径创建一个带填充和边线的图形，如图2-39所示。

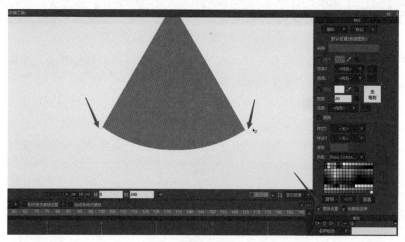

图2-39

（5）利用显隐边线工具 ，将西瓜的两边的边线隐藏。注意：由于默认情况下线条模式为"圆头"，导致浅色瓜皮超过红色瓜瓤部分，用选择图形工具 选中图形，勾选样式栏中的"高级设置"复选框，取消勾选"圆角"复选框，如图2-40所示。

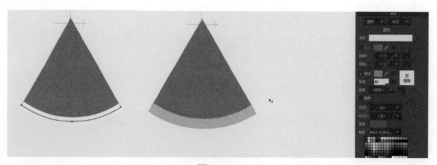

图2-40

　　 显隐边线工具 用于隐藏或取消隐藏图形的边线，工具详解请扫码查看2.2.2节中"显隐边线工具"微视频。

（6）利用创建图形工具 选择西瓜皮的线段（选择组成扇形弧面的3个节点），创建一个新的**笔画**线段（注意不是"填充"或"两者"）作为西瓜的绿色外皮，注意线条的宽度要大于之前的宽度，如图2-41所示。

图2-41

（7）用选择图形工具选中绿色西瓜皮线段图形，按向下方向键，将其放置在最下层，效果如图2-42所示。

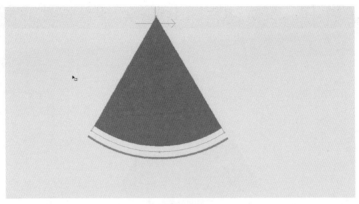

图2-42

（8）绘制一个红色的小椭圆作为西瓜子的元素，然后按Ctrl+C快捷键复制，如图2-43所示。

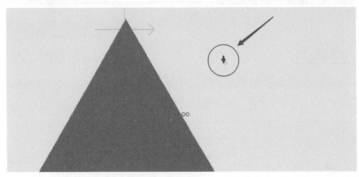

图2-43

（9）选择图形喷笔工具，在属性栏中选择"使用剪贴板"功能，之前复制的图形就可以作为喷笔的元素使用了，如图2-44所示。

图2-44

有籽西瓜绘制
工程文件

🔲 图形喷笔工具可以喷绘预制的矢量图形元素，图形元素也可以自定义，工具详解请扫码查看2.2.1节中"图形喷笔工具"微视频。

（10）调整喷笔属性栏中的"最小宽度"和"最大宽度"，给西瓜喷绘上西瓜子，完成绘制，如图2-45所示。

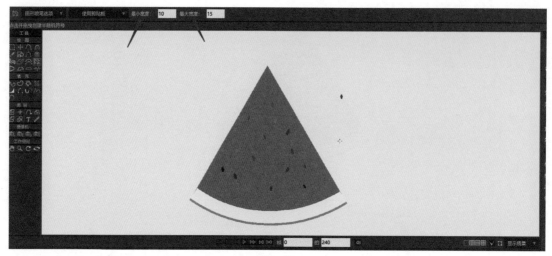

图2-45

2.1.4 女儿国国王

本案例中绘制的是一个较复杂的角色图形，如图2-46所示，绘制复杂图形与简单图形本质上没有区别，都是利用工具一步步完成，复杂图形无非工作量大一些，涉及的工具和操作多一些。

图2-46

需要特别强调的是，绘制图形的目的是后续制作动画，因此，**图形的绘制需要充分考虑动画制作的需要**。在复杂的图形绘制中主要考虑两个方面：**布点**和**分层**。

1. 布点

由于图形中的节点数越多，对后期的动画操控就越复杂，同时电脑的运算速度也会受图形信息量大小的影响，因此在绘制图形时的一个基本原则是：**在满足动画需求的情况下，节点越少越好**。

2. 分层

分层主要指同一图层中的图形元素分层和图层分层两个方面。

同一图层中的图形元素分层是指同一图层中的图形元素独立创建（不同结构之间不是焊接在一起，这与常规的静帧绘图有区别）。由于不同的图形元素在同一图层有层次关系，这样在编辑一个图形时不会影响到另一个图形，并且在动画中减少穿帮。后期动画制作，理论上每个结构都独立创建是最好的，但这依然取决于动画的最终需要，如果后期不需要较复杂的动画，那么有些图形就可以不需要做复杂的创建。

图层分层是指将角色某些图形结构在另外的图层上绘制，图层分层主要基于以下原则：

- 能不分层就不分层，能少分层就少分层。
- 在同一图层中元素太多太复杂，导致不方便查看和编辑时分层。
- 需要做遮罩效果时分层。
- 后期制作需要做层动画时分层。
- 某些结构图形需要做切换层效果时分层。

女儿国国王绘
制素材文件

图形在实际绘制过程中的布点和分层没有统一的标准，主要以是否方便后续的动画制作、是否符合动画制作的需要作为判断标准。这需要进行充分的制作实践，在实践中积累经验，在项目过程中根据项目的实际情况灵活处理。

该案例主要目的是练习综合利用工具绘制图形，较少考虑后期动画因素，以下是主要绘制过程。

（1）新建一个工程文件，在"视图"菜单栏中选择"选择临摹图像"选项，导入设计图，如图2-47所示（通常情况下，角色的设计图是在其他绘图软件中完成的）。

图2-47

（2）绘制角色头部图形。

将头部从上到下分为皇冠、花、头部和后发髻4个图层（也可以先描绘路径再分图层），如图2-48所示。注意及时给图层命名，方便后续识别。

图2-48

综合使用绘图和填充相关工具进行头部图形的路径绘制，4个图层分别包含的图形如图2-49所示。

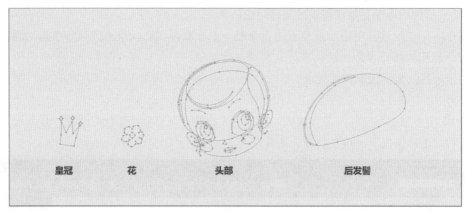

图2-49

其中，皇冠、花和后发髻结构比较简单，注意皇冠的宝石和基座、花的花瓣和花心、后发髻的发髻和高光都是独立的路径，且不和其他结构相互粘连。

头部较为特别，拆分成4部分，如图2-50所示，这样方便角色在动画制作时编辑，如头部在产生透视变化时结构会产生透视位移和遮挡关系，这样拆分有利于动画体现。

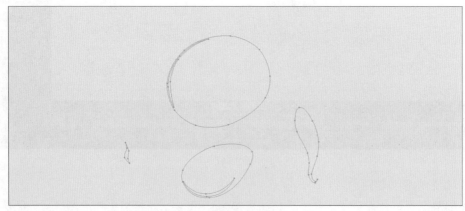

图2-50

头部其他部分拆分如图2-51所示。

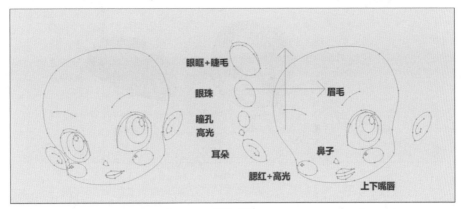

眼眶+睫毛

眼珠

瞳孔
高光

耳朵

腮红+高光

眉毛

鼻子

上下嘴唇

图2-51

在绘制图形时需要注意：
- 线条要保持流畅，以符合角色的造型特征。
- 对称结构尽量保持布点的数量一致，以方便后续转面等制作。
- 节点的贝塞尔曲率不宜过大，以避免给后续操作带来不可控因素。
- 对称结构可以复制，以提高绘制效率。

（3）头部着色。

着色事实上是给路径创建可见图形，可以导入设计图，放置在视窗中方便吸色，着色的过程中可以根据着色实际效果进一步优化，调整图形路径。

相比皇冠、花和后发髻图层，头部图层中的图形较为复杂，在创建时，一般根据最新创建的图形在最上层的软件逻辑，从底层图形开始创建，逐步到最上层。如在头部图层中先创建头的轮廓，再依次创建耳朵、腮红、嘴巴、眼白、眼珠、瞳孔、眼珠高光、眼皮、眉毛、鼻子等，这样头部的层次比较合理，在动画制作时方便呈现合理的遮挡效果，不容易出现穿帮。

着色时根据本角色的情况，可以使用线条宽度工具 适当调整线宽，使线条更生动。某些结构需要使用线条宽度工具来塑造，如角色眉毛使用的是线条，要体现眉毛的粗细变化可以使用线条宽度工具调整。

📁 线条宽度工具 用于将节点按一定比例缩放（注意：并不是调整该图形在"样式栏"中的宽度，是在节点原有宽度的基础上进行缩放），工具详解请扫码查看2.2.2节"线条宽度工具"微视频。

腮红填充部分使用柔化边缘效果（在样式栏中设置），使其过渡柔和自然，着色过程中对于一些特殊效果，可以多使用Ctrl+R快捷键边调试边渲染预览效果。

眼珠填充做径向渐变效果。

📁 样式栏面板主要用于设置图形线条和填充的颜色、效果等，分基础面板和高级面板，详解请扫码查看2.2.3节中"样式栏"微视频。

4个图层着色完成后效果如图2-52所示。

女儿国国王头部
路径绘制微视频

图2-52

头部完成后的效果如图2-53所示。

图2-53

（4）创建身体图形。

创建身体图形和创建头部图形一样，先绘制图形路径，再创建图形，图层分层如图2-54所示。

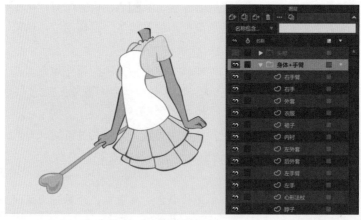

图2-54

为方便理解，身体部分图层分层拆分如图2-55所示。手臂的上下部分也可以拆分开来，方便后续实现动画效果，拆分结构时，被遮挡的部分要描绘完整，因为在后续动画中，被遮挡的部分很可能在运动中展示，如果不完整就容易出现穿帮。

女儿国国王身体
路径绘制微视频

图2-55

褶皱裙图层，将裙子分成单独的片，如图2-56所示，给后续动画制作更灵活空间。

女儿国国王身体
着色微视频

图2-56

（5）创建双腿图形。

由于双腿的结构一致，在创建双腿图形时可以先绘制一条腿，另一条腿可以复制使用，利用同样的节点创建，如图2-57所示。

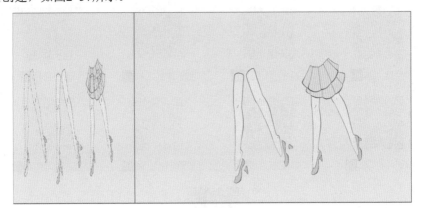

女儿国国王双
腿创建视频

图2-57

（6）全部图形创建完成后，给角色加上背景及地面阴影，渲染查看效果，如图2-58所示。

女儿国国王工
程文件

图2-58

2.2 学习资源

2.2.1 绘图工具详解微视频

选择节点工具 ▦　　　转换节点工具 ✛　　　增加节点工具 ⌒　　　曲率工具 ⌒

手绘工具 ✏　　　绘制图形工具 ▨　　　删除边线工具 ✖　　　磁铁工具 ⌒

水滴刷子工具 〰　　　橡皮擦工具 ◼　　　删除节点工具 ⌒　　　图形喷笔工具 ▨

透视节点工具 ▷、斜切节点工具 ▱、弯曲节点工具 ⌒和噪波工具 〰

2.2.2 填充工具详解微视频

选择图形工具

创建图形工具

颜料桶工具

删除图形工具

线条宽度工具

显隐边线工具

边线显露工具

曲线轮廓工具

颜色点工具

2.2.3 样式栏详解微视频

2.3 实用小技巧

（1）使用转换节点工具激活显示贝塞尔手柄时，按住Alt键可以单独控制手柄的一侧。

（2）使用转换节点工具选择节点后，可以按Delete键删除节点。

（3）同心圆绘制技巧：先绘制一个圆形，使用转换节点工具选择圆形，然后复制，按住Alt键缩小或放大复制的圆形，即可获得一个同心圆。

（4）在"样式栏"面板中，鼠标指针在色板区域时，单击左键可以快速吸取填充颜色，单击右键可以快速吸取描边颜色。

（5）快速选择图层：按住Alt键后单击图形可以快速定位该图形的图层。

2.4 常见问题

1. 找不到绘图工具，怎么办？

解决办法：

（1）检查时间轴，查看当前帧是否为0帧。当前帧是非0帧时，多数绘图工具不会显示。

（2）在图层属性栏查看当前激活层是否为矢量图层，只有在矢量图层才能使用矢量绘图工具。

2. 如何查看同一图层中不同图形的层次关系？

解决办法：Moho没有提供直观查看的功能，可以用选择图形工具选中图形后按键盘的上下方向键调整图层。向上方向键是将图形放置到上一层，Shift+向上方向键是将图形放置到最上层；向下方向键是将图形放置到下一层，Shift+向下方向键是将图形放置到最下层。

3. 如何快速选择同层中被遮盖的下一层图形？（创建图形时可能会碰到某些图形被更大区域的图形遮盖，当需要选择被遮盖图形时会碰到遮盖问题。）

解决办法：先使用选择图形工具单击被遮盖图形的区域，选中遮盖层，按Ctrl+向下方向键。

4. 为何更改不了图形颜色或效果？

解决办法：必须先用选择图形工具（不要误选创建图形工具）选中图形，并确保图形处于编辑状态（图形呈马赛克显示），然后在样式栏中更改颜色或效果，属性栏可以调整填充与笔画颜色以及线宽。

第**3**章 | 特色图层

Moho有十多种特色图层类型，不同的图层类型起到不同的功能作用，常用的图层类型有矢量层、图像层、骨骼层、切换层、粒子层和补丁层等。创建一个作品经常需要用到多个层类型，要想深入掌握Moho，必须熟悉不同类型图层的特色作用。

Moho中每个图层都可以对层进行层设置，不同类型层的层设置内容有所区别，部分特殊效果需要在层设置中实现。

本章主要学习Moho常用的特色图层基础知识、应用方法和使用技巧。由于篇幅限制，本章的实训案例主要展示遮罩、补丁层、粒子层、物理模拟和切换层功能应用，其他类型如骨骼层将在后续章节中讲解。

3.1 实训案例

3.1.1 纹理文字

纹理文字图案（如图3-1所示）需要综合运用创建文字、层组和遮罩等工具进行制作，本案例主要了解遮罩功能的基本使用方法。

纹理文字绘制
微视频

纹理文字绘制
素材文件

图3-1

（1）新建一个工程，在图层工具栏中单击插入文本工具 **T**，在弹出的"插入文本"对话框中输入"Moho"，勾选"填充"和"描边"复选框，自定义两者的颜色以及"宽度"数值，激活"创建文本层"，调整缩放大小，选择字体，如图3-2所示。

插入文本工具 **T** 可以创建输入的文字，还提供了一些自动创建类似漫画的对话框工具，该工具的详细介绍请扫码查看3.2.1节中"插入文本"微视频。

图3-2

（2）单击"确定"按钮获得一个以"Moho"命名的文本图层，如图3-3所示。

图3-3

（3）右击"Moho"图层，在弹出的快捷菜单中选择"转换为矢量"命令，将图层转换为可编辑的矢量图层，这时文本图形上出现节点和线段，表示它们可以被进一步编辑，如图3-4所示。（在创建文本时若选择激活"创建一个图形"并关闭"创建文本层"，则直接创建一个文本矢量化了的矢量图层。）

图3-4

（4）在"图层"窗口单击"新建层"按钮，在弹出的快捷菜单中选择"图像"命令，在弹出的对话框中，选择一张自定义图片，如图3-5所示。

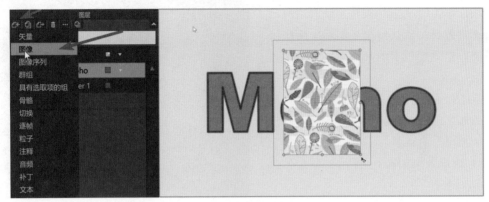

图3-5

新建"图像层"允许导入图像文件到Moho，在Moho中不能编辑图像的像素，但是可以移动、旋转和缩放图像层，也可以在图像层的层设置中对图像进行一定的编辑，详细介绍请扫码查看3.2.1节中"图像层"微视频。

（5）使用操控层工具调整图片，使其完全覆盖文字，如图3-6所示。

图3-6

操控层工具可以移动、缩放和旋转被选中的整个图层（不是图层中的某个物体），设置图层景深等，工具详解请扫码查看3.2.2节中"操控层与轴心点工具"微视频。

（6）同时选择文本矢量图层和导入的图片图层，右击图层高亮区域，在弹出的快捷菜单中选择"具有选取项的组"命令，将两个图层创建在一个层组内，如图3-7所示。

"具有选取项的组"命令可以将一个或多个被选择的层，创建在一个新的层组内，被选择的层作为子层，新产生的群主层作为父层。在Moho中，层组是一个重要的工具，详解请扫码查看3.2.1节中"具有选取项的组"微视频。

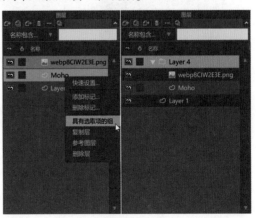

图3-7

（7）双击层组，打开层组的"层设置"面板，单击"遮罩"标签，勾选"显示遮罩"选项，单击"确定"按钮，此时层组已经开启遮罩效果，默认情况下层组中最底层为遮罩层，遮罩层以上的其他图层为被遮罩层，如图3-8所示。

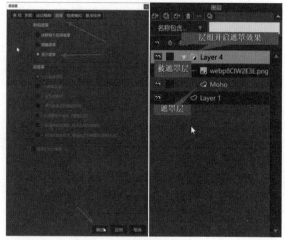

图3-8

遮罩是Moho一个重要的功能，它可以控制图形的可见范围，详解请扫码查看3.2.1节中"层组-遮罩"微视频。

（8）遮罩效果如图3-9所示，图片只显示在文字范围内。

图3-9

（9）如果想要显示文字的描边，双击文字图层，打开"层设置"面板，在"遮罩"标签中勾选"笔触除外"选项即可，如图3-10所示。

图3-10

（10）新建一个矢量图层，放置在工程的图层最底层，使用"绘图工具栏"中的绘制图形工具，激活"矩形"标签，绘制一个蓝色背景，如图3-11所示。

纹理文字绘制
工程文件

图3-11

3.1.2 放大镜

放大镜案例（如图3-12所示）需要综合使用绘图及遮罩功能实现，制作时需要拓展工具运用思维。

放大镜绘制微
视频

放大镜绘制素
材文件

图3-12

（1）新建一个工程文件，绘制一个放大镜的图形路径，将图层命名为"放大镜"，如图3-13所示。

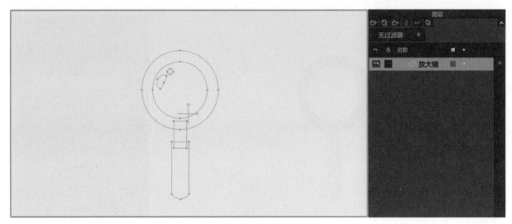

图3-13

（2）新建一个"镜片"矢量图层，将放大镜的内圆复制到镜片图层中，如图3-14所示。

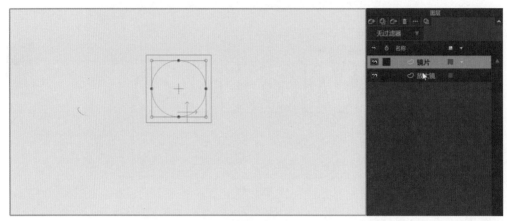

图3-14

（3）将放大镜图层的物体结构着色，利用创建图形工具 从最底层的结构开始依次着色灰色柄、深色镜框、橘色手柄和高光，高光用纯白色加一些透明，如图3-15所示。注意圆圈中间除了高光，其他部分不要着色。

图3-15

（4）将镜片图层的镜片结构创建一个颜色，并把该图层拖移至放大镜图层下面，如图3-16所示。

图3-16

（5）导入一张"城市地图"的图片，如图3-17所示。

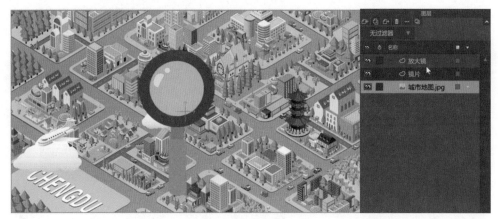

图3-17

（6）全选三个图层，将它们创建在一个层组中，层组命名为"放大镜组"，双击"放大镜组"层，打开"层设置"，在"遮罩"标签中激活"显示遮罩"，将"镜片"层设置为遮罩层，再将"城市地图"层设置为被遮罩层，"放大镜"层设置为不遮罩，并调整图层顺序，效果及图层顺序如图3-18所示。

图3-18

（7）复制"城市地图"层，放置在层组的最底层并取消它的遮罩效果，如图3-19所示。

图3-19

（8）使用操控层工具▣，将作为被遮罩层的"城市地图"层放大一些，如图3-20所示。

图3-20

（9）按Ctrl+向左方向键同时选择"放大镜"和"镜片"两个图层，用操控层工具▣同时移动它们，可以看到放大镜镜片中有图片放大效果，如图3-21所示。

图3-21

放大镜绘制工程文件

（10）打开处于底层的"城市地图2"的"层设置"，在"常规"标签中调整"模糊半径"为2，"不透明度"为60%，渲染查看效果如图3-22所示。

图3-22

⬚ 所有图层都有"层设置"，用来控制层的一些常规性能，某些特殊效果也可以在"层设置"中实现，需要熟悉"层设置"中的功能及用法，详解请扫码查看3.2.1节中"图层特色""常规""阴影""运动模糊""矢量""3D选项"微视频。

3.1.3　给女儿国国王加阴影

给角色添加阴影是动画制作中的经常性操作，方法一般是利用遮罩功能添加，角色的结构一般比较多，需要多次利用遮罩功能创建。本案例以"女儿国国王"角色（如图3-23所示）为例，介绍给角色添加阴影的主要步骤。

（1）打开未添加结构阴影的角色工程文件，选中角色"右手臂"层，然后添加一个新的矢量图层，此时新创建的矢量图层在"右手臂"图层上方，新建层命名为"右手臂阴影"，如图3-24所示。

给女儿国国王
加阴影微视频

给女儿国国王加
阴影素材文件

图3-23

图3-24

（2）将"右手臂"和"右手臂阴影"图层创建在一个层组中，把新创建的层组命名为"右手臂"，在"右手臂阴影"图层描绘创建阴影图形，描绘时阴影看不见的部分可以多描出一些余量，方便后续操作，如图3-25所示。

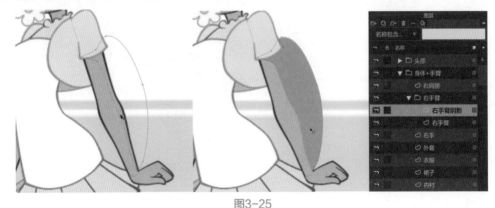

图3-25

（3）开启"右手臂"层组遮罩效果，设子层"右手臂"为遮罩层，子层"右手臂阴影"为被遮罩层，这时阴影已经被限制在手臂的范围内显示，同时可以看到手臂的一部分边线被阴影覆盖，如图3-26所示。

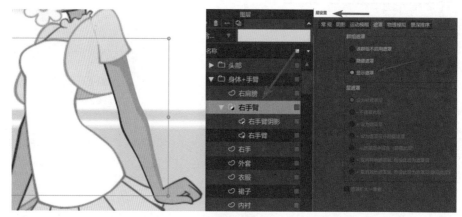

图3-26

（4）双击打开子层"右手臂"的"层设置"，勾选"遮罩"标签中的"笔触除外"选项，这时手臂的边线完整显示，如图3-27所示。

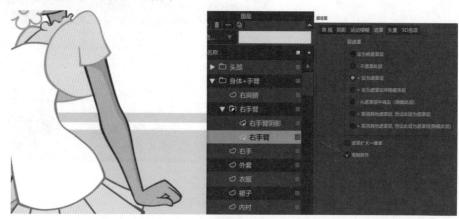

图3-27

（5）用同样的方法给角色的袖子、左手臂、衣服等其他部分添加阴影，最后完成效果如图3-28所示。

给女儿国国王加
阴影工程文件

图3-28

3.1.4 漂浮的气球

漂浮的气球（如图3-29所示）可以利用粒子层工具进行制作，通过对本案例的学习可以熟悉粒子层工具使用方法和技巧。

（1）新建一个工程，创建一个粒子图层，在矢量图层中绘制一个蓝色气球图形，如图3-30所示。

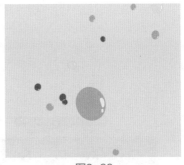

漂浮的气球制作微视频

📷 "粒子层"是Moho的一种特殊图层类型，在粒子层中的子层图形作为粒子发射运动的元素，用来制作粒子效果的自动动画，详细介绍请扫码查看3.2.1节中"粒子层"微视频。

图3-29

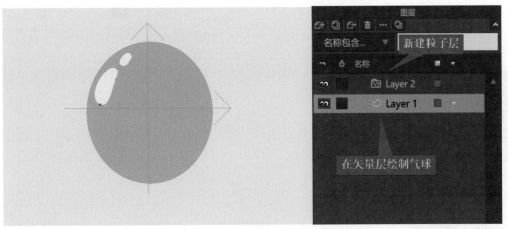

图3-30

（2）将蓝色气球图层拖曳到粒子层，使其作为粒子层的子层，然后单击选中粒子层，主视窗可以看到多个蓝色气球，如图3-31所示。

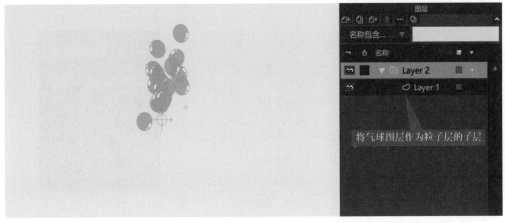

图3-31

（3）单击"播放"按钮可以查看动画效果，此时粒子以默认的速度和数量，以画面中心点为中心向上发射运动，如图3-32所示。

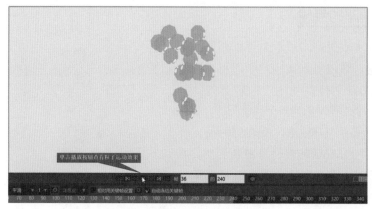

图3-32

（4）在选中粒子层的前提下，单击左侧工具栏中的粒子层工具 ，在工具属性栏中单击"粒子选项"标签，调整相关数值，并将粒子层向下移出画框，使气球漂浮的起始位置在画外，如图3-33所示。边播放查看效果边调整相关数值，直至达到满意的效果。

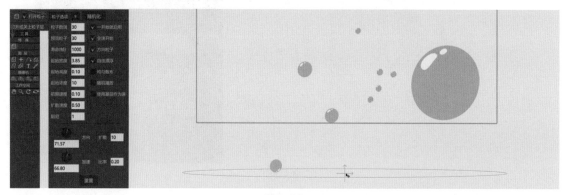

图3-33

（5）复制两份蓝色气球层，分别将气球颜色改为红色和黄色，这样就有了三个不同颜色的气球作为粒子产生动画，如图3-34所示。

图3-34

（6）为了使气球在漂浮的过程中看起来更真实，可以选择蓝色气球图层，在时间轴的第670帧左右，使用操控层工具 ，将蓝色气球图层旋转一定的角度，使蓝色气球产生缓慢旋转的动画，单击"播放"按钮查看动画效果，如图3-35所示。用同样的方法将其他两个气球图层也制作不同幅度、不同方向的旋转效果。

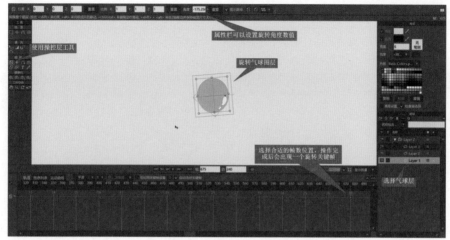

图3-35

（7）选择粒子层，单击"播放"按钮，气球在漂浮的过程中产生了不同幅度、不同方向慢慢旋转的效果，如图3-36所示。

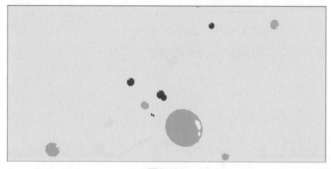

图3-36

（8）由于开启了粒子的浓度，因此气球有前后大小的空间变化，还可以在"工程设置"中调整景深相关数值，获得带空间虚实的渲染效果，如图3-37所示。

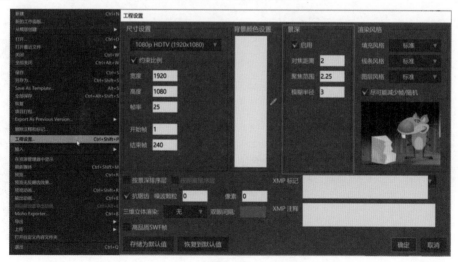

图3-37

（9）调试完成后输出视频画面效果如图3-38所示。

漂浮的气球工程文件

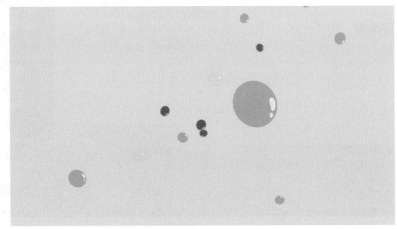

图3-38

3.1.5 多米诺骨牌

多米诺骨牌微视频

多米诺骨牌碰撞效果（如图3-39所示）可以利用Moho的物理模拟功能实现，物体模拟可以实现物体自动动画功能。

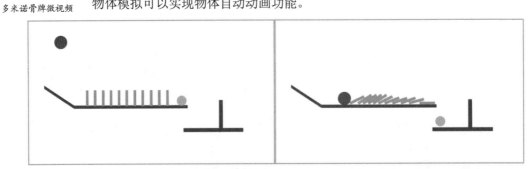

图3-39

（1）新建一个工程，在矢量图层中绘制一个桌面，将图层命名为"桌面"，如图3-40所示。

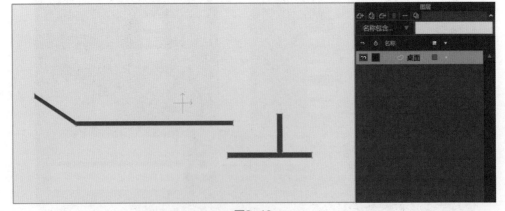

图3-40

进行物理模拟的物体必须在矢量图层中绘制，位图不能作为物理模拟的元素。

（2）新建一个"骨牌"矢量图层，绘制一个竖立的骨牌，骨牌底部放置在桌面上，如图3-41所示。

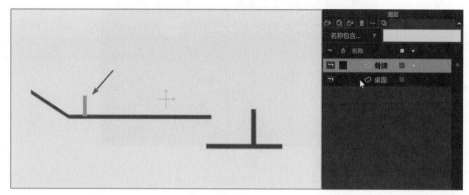

图3-41

（3）连续复制多个骨牌图层（注意是复制图层，而不是复制图形），并对它们的位置做适当的排列，如图3-42所示。

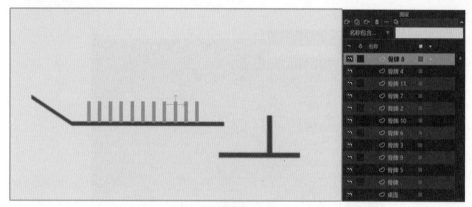

图3-42

（4）继续创建一个放置在桌面的小球图形，一个悬空的小球图形，都分别创建在独立的图层，如图3-43所示。

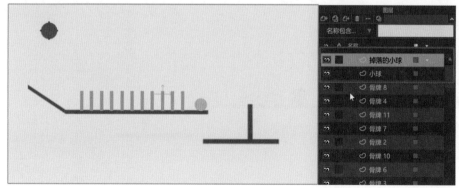

图3-43

（5）将所有图层打包创建在一个层组，命名为"多米诺骨牌"，在"层设置"面板"物理模拟"标签中勾选"启用物理模拟（动画）"复选框，如图3-44所示。

图3-44

> "层设置"中的"物理模拟"标签可以实现物体模拟的自动动画，详细介绍请扫码查看3.2.1节中"层组-物理模拟"微视频。

（6）打开"桌面"图层中的"层设置"，在"物理模拟"标签中勾选"固定"复选框（父层开启物理模拟后，子层的层设置中才会出现物理模拟标签），将桌面设置为固定的被碰撞物体，如图3-45所示。

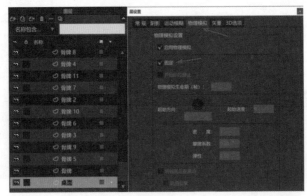

图3-45

（7）单击"播放"按钮，可以看到悬空的小球掉落并撞倒骨牌的动画，如图3-46所示。

多米诺骨牌工
程文件

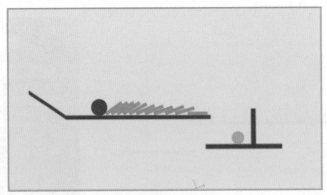

图3-46

（8）根据动画演示的结果，可以尝试调试小球或者骨牌的位置以及"物理模拟"标签中的摩擦系数、弹性、方向等数值，直到获得理想效果。

3.1.6 完美关节

很多情况下，为了方便制作动画，角色的关节部分都会拆分成独立的层，由于不同层的边线会有交叠，为角色的边线处理带来麻烦，补丁层可以很好地解决这个问题。通过对本案例（如图3-47所示）的学习将掌握如何利用补丁层制作完美的关节效果。

完美关节微视频

图3-47

（1）将手臂拆分成"右手上臂""右手下臂"和"右手"三个图层，如图3-48所示。

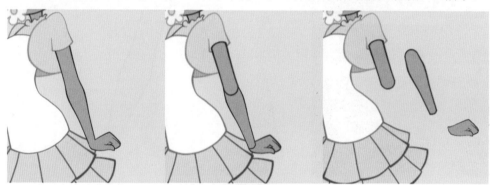

图3-48

（2）单击"新建图层"按钮，创建一个补丁图层，如图3-49所示。

图3-49

（3）将补丁层的应用目标设置为"右手下臂"，此时补丁层自动命名为"右手下臂补丁"，用操控层工具将补丁层的圆形补丁区域移动到上下臂关节交会处，关节之间的交叠线条消失，如图3-50所示。

完美关节工程文件

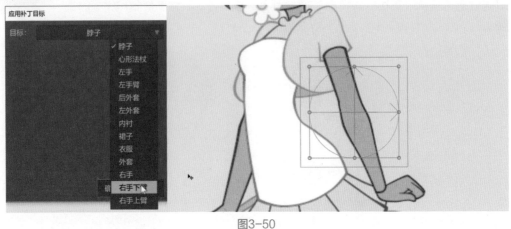

图3-50

（4）使用同样的方法将右手添加一个"右手补丁"图层，处理右手下臂和右手交会处，如图3-51所示。

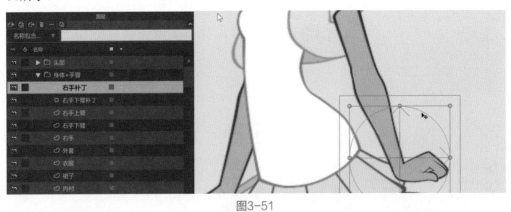

图3-51

（5）尝试旋转移动关节，并把补丁层相应地放置到合适的位置，查看效果，如图3-52所示。

图3-52

3.1.7　口型切换

在实际项目制作过程中，角色模型大多需要进行口型设置，以方便在动画时随时制作口型动画。通常口型动画都用切换层来实现。通过对本案例（如图3-53所示）的学习将了解如何利用切换层控制口型状态并制作口型动画。

（1）打开口型切换素材工程文件，该文件已经创建了一个卡通角色，但是没有口型，如图3-54所示。

口型切换微视频

口型切换素材文件

图3-53

图3-54

（2）在0帧位置，在"脸"图层上方新建一个矢量图层，命名为"正常口型01"，在角色面部绘制5个圆形路径，如图3-55所示。

图3-55

（3）利用创建图形工具，由最底层至最上层依次创建口腔→舌头→上牙齿→下牙齿→口型边线及遮盖，如图3-56所示。

图3-56

　创建过程中如果层次有误，可以使用选择图形工具选择图形再按上下方向键调整。

（4）利用显隐边线工具，把口型遮盖部分多余的边线隐藏。如图3-57所示。

图3-57

（5）将口型调整为闭合状态，如图3-58所示。

图3-58

（6）复制"正常口型01"图层，命名为"正常口型02"，将口型调整为微开状态，如图3-59所示。

图3-59

（7）同步骤（6），依次复制为一个新图层并调整口型状态，一共制作6个不同的口型状态，如图3-60所示。

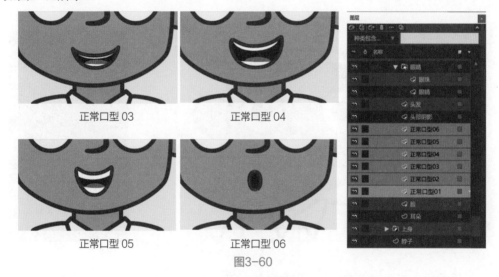

正常口型 03 　　　正常口型 04

正常口型 05 　　　正常口型 06

图3-60

（8）将制作的6个口型图层创建为一个层组，并命名为"正常口型"，右击"转换为切换层"，如图3-61所示。

图3-61

（9）转为切换层的层组此时只显示1个子层，如图3-62所示。

图3-62

（10）右击"正常口型"切换层，可以在弹出的快捷菜单中选择不同的子层来切换显示，如图3-63所示。

图3-63

（11）按照以上方法，创建一个"生气口型"的切换层组，在层组里创建不同生气状态的口型子层，如图3-64所示。

图3-64

（12）再创建一个"其他口型"的切换层组，在层组里创建不同状态的口型子层，如图3-65
所示。

图3-65

（13）将"正常口型"切换层、"生气口型"切换层和"其
他口型"切换层创建在一个层组，命名为"口型"并转换为切换
层，如图3-66所示。这样就可以控制角色显示某个情绪状态下的
某个口型。具体方法为：先切换到子切换层，再在子切换层切换
为想要的口型。

（14）将"口型"切换层切换到"正常口型"层，在时间轴
上不同的位置切换显示"正常口型"切换层的不同子层，切换的
动作会被记录为动画，如图3-67所示，单击"播放"按钮可以看
到口型动画效果。

图3-66

图3-67

口型切换工程
文件

切换层功能不仅常用于角色口型制作，还可用于角色手型的变换、眼珠形状变换等，甚至用于不同模型之间的切换。

使用切换层时可以在"窗口"菜单栏中打开"切换选取项"面板，可以更直观地查看使用。

3.2 学习资源

3.2.1 特色图层详解微视频

矢量层 ◌　　矢量层图层特色　　层设置－常规　　层设置－阴影

层设置－运动模糊　　层设置－矢量　　层设置－3D选项　　图像层 ▤

层组 ▤　　层组－遮罩　　层组－物理模拟　　层组－景深排序

具有选取项的组　　骨骼层 ▣　　骨骼层－骨骼　　切换层 ▣

切换层－切换　　逐帧层 ▣　　粒子层 ▣　　粒子层－粒子

注释层 ▣　　音频层 ◁》　　补丁层 ▢　　文本层 Ｔ

参考层 ▣

3.2.2　图层工具详解微视频

操控层与轴心点工具🔳　　引导线工具↻　　旋转图层工具◩　　斜切层工具🔲

选择图层工具🔲　　插入文本工具🅃　　吸管工具▨　　图层复制与粘贴

3.3　实用小技巧

（1）当物体动画运动速度很快时，可以考虑开启运动模糊功能，这样能引导观众的视线，让动画更加流畅。

（2）在做某些特别的类似于手绘效果的动画时，尝试应用矢量噪波功能，能获得更好的风格化效果。

（3）切换层不但可以切换显示单个图层，还可以切换显示层组，不同类型的层（例如骨骼层、粒子层等）也可以切换，只要它们作为切换层的子层就可以受切换控制。

（4）按Ctrl+鼠标左键，可以自由选择多个图层，或者取消选择被选中图层中的某个。

（5）在遮罩层的子层上右击可以快速设置子层的主要遮罩属性。

3.4　常见问题

1. 无法新建某些类型的图层，怎么办？

解决办法：检查时间轴，查看当前帧是否为0帧。当前帧是非0帧时，只能新建图像、图像序列、注释、音频和文本图层。

2. 在粒子动画中设置了数量较多的粒子数目，画面显示还是较少，怎么办？

解决办法：

（1）可以按Ctrl+R快捷键渲染一张画面，或者直接渲染最终动画视频查看效果是否正确，预览效果不等于最终的渲染效果；Moho为了避免预览粒子数量过多的动画时设备负荷过大，设置了"预览粒子"选项。

（2）查看粒子选项中"预览粒子"数值是不是小于"粒子数目"，只有"预览粒子"数值大于或等于"粒子数目"时才会显示正确的粒子数量。

3. 导入图像后，图像层名称显示为乱码，怎么办？

解决办法：目前Moho对中文支持还不够完善，名称显示为乱码是因为图像名称为中文，可以将导入的图像层重新命名，或者在导入前用英文、拼音、阿拉伯数字等非中文字符命名。

第 4 章 | 节点动画

　　节点动画是指通过操控构成矢量图形的节点，包含位置、曲率以及相关属性变化，从而产生的动画。节点动画是Moho动画制作的基础性操作，在Moho角色动画制作工艺（如图4-1所示）中可以看到，**矢量图形可以直接制作节点动画**。另外只有熟悉了节点动画制作的相关知识，才能顺利地开展后续的模型动画制作，因为控制图形变化的骨骼主要是基于节点动画来设置的。

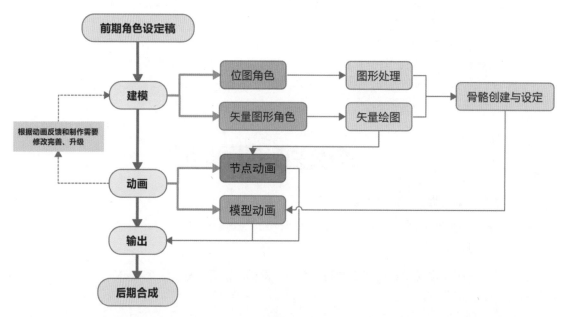

图4-1

　　本章主要通过案例学习制作节点动画相关的节点运动、时间轴面板、关键帧、层秩序动画以及图层引导线动画等基础知识、应用方法和使用技巧。

　　制作动画必定要应用动画运动规律相关知识，但本书主要介绍Moho软件的应用，对动画过程中的运动规律体现只做必要的提示。初学者在正式学习本章前，建议先观看4.2节中的知识点详解视频，熟悉这些知识点的内容后会更方便案例的学习。

4.1 实训案例

线段运动动画
效果视频　　线段运动制作
微视频

4.1.1 线段运动

本案例（如图4-2所示）通过节点的移动和线条宽度工具来实现，通过对本案例学习将掌握"关键帧""洋葱皮""拷贝粘贴关键帧""自动冻结关键帧""线条宽度"工具的相关知识，快速了解节点动画制作的基本方法。

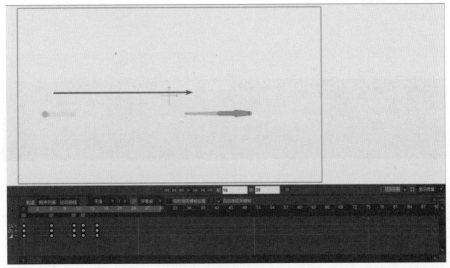

图4-2

（1）新建一个工程，在0帧位置创建一个由两个节点组成的线段，如图4-3所示。

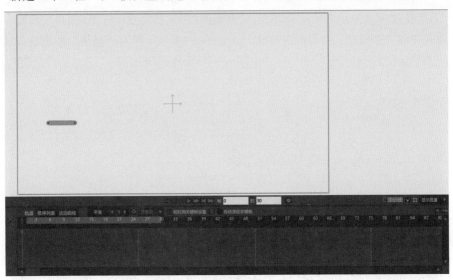

图4-3

（2）在时间轴面板，把指针放置到第16帧位置，勾选"自动冻结关键帧"复选框，利用转换节点工具 将线段向右移动到一个合适的位置（移动时按住Shift键可以控制水平或者垂直方向），作为线段动画最终的位置，时间轴第0帧和第16帧的位置将会出现关键帧标示，如图4-4所示。此时单击"播放"按钮可以看到线段的移动动画。

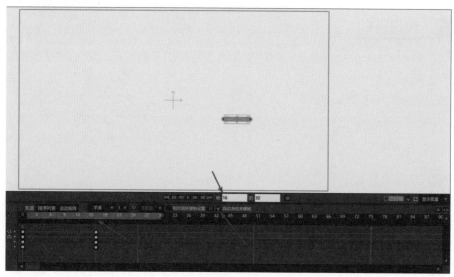

图4-4

📁 "自动冻结关键帧"功能在创建一个新的关键帧时，自动把当前操作工具对当前图层的所有内容都打上关键帧，如本步骤中利用转换节点工具移动了节点位置，那么它就会将所有节点的位置和曲率打上关键帧。这在确保一个关键帧的姿势不变时很有用，相当于把这个姿势冻结，后续的其他操作不会使它产生意外的变化，工具详解请扫码查看4.2节中"自动冻结关键帧"微视频。

📁 "关键帧"是动画的重要概念，它记录动画运动的关键变化信息，Moho会在每两个关键帧之间自动计算中间画。详细介绍扫码查看4.2节中"关键帧"微视频。

（3）为了使动画更生动，复制第0帧的关键帧到第6帧的位置，在第6帧将线段做一个预备关键帧（线段收缩成一个圆点，并稍向左移动），如图4-5所示。单击"播放"按钮查看动画效果。

图4-5

　　（4）复制第16帧关键帧到第13帧的位置，在第13帧给线段做一个缓冲关键帧（打开"洋葱皮"功能，参照第16帧的位置将线段缩短一点并向右移动一些），如图4-6所示。单击"播放"按钮查看动画效果。

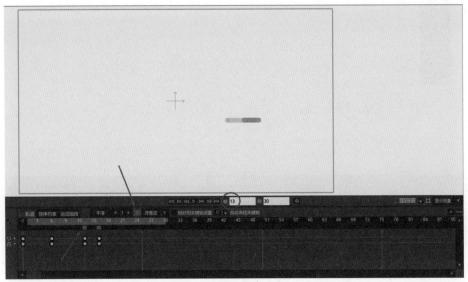

图4-6

　　"洋葱皮"类似传统动画的拷贝台功能，可以以透明度或者路径模式查看其他指定帧的位置形状等。详细介绍扫码查看4.2节中"洋葱皮"微视频。

　　（5）在第6帧使用线条宽度工具，将线段右侧的节点线宽放大一些，左侧的节点也稍放大一些，使它变成一个更大一些的圆点，这样线段动画在预备状态时看上去有更生动的膨胀感，此时时间轴上出现"线条粗细"的关键帧，如图4-7所示。单击"播放"按钮查看动画效果。

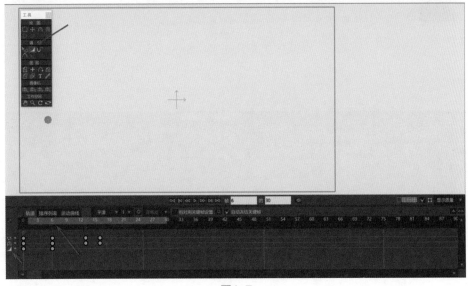

图4-7

（6）复制第0帧的"线条粗细"关键帧到第16帧的位置，这样确保动画起始和结束时的线段粗细一致，如图4-8所示。单击"播放"按钮查看动画效果。

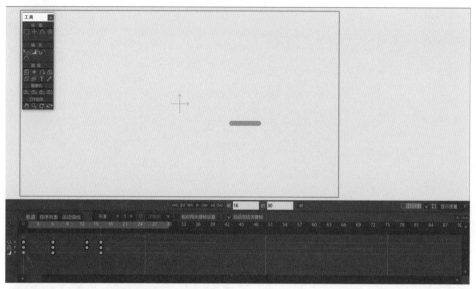

图4-8

（7）将第13帧线段左侧的节点粗细放大一些，让它在缓冲压缩时有点膨胀的感觉，如图4-9所示。单击"播放"按钮查看动画效果。

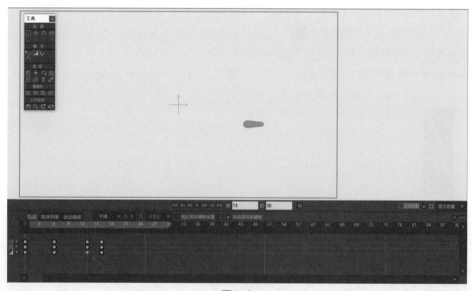

图4-9

（8）播放动画，可以发现第6～13帧的线段在移动过程中变短了，在第11帧的位置将线段拉长一些（比默认长度更长），同时把整个线段的粗细调细一些，让它看上去在快速运动中拉长并被压缩，如图4-10所示。单击"播放"按钮查看动画效果。

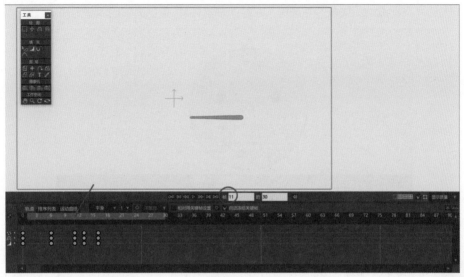

图4-10

（9）根据预览动画呈现的效果，调试动画，直到满意为止。

4.1.2　惊喜表情

惊喜表情（如图4-11所示）动画可以帮助大家直观地运用简单的方法制作角色动画，主要通过转换节点工具、曲率工具以及合适的动画运动规律来实现。

图4-11

（1）新建一个工程，绘制一个简单的角色面部路径，并创建图形，如图4-12所示。

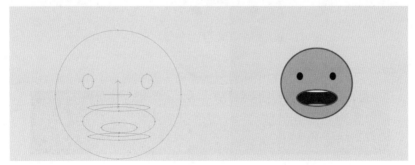

图4-12

（2）勾选"自动冻结关键帧"复选框，在时间轴第1帧将角色的嘴巴调整为如图4-13所示状态。

图4-13

（3）复制第1帧的关键帧到第6帧位置，让角色1～6帧保持静止状态，如图4-14所示。

图4-14

（4）在第25帧将角色口型调整为微笑状态，并适当调整头部圆形和眼睛的状态使其配合微笑动作，如图4-15所示。单击"播放"按钮查看动画效果。

图4-15

（5）复制第25帧的关键帧到第35帧位置，这样25～35帧保持静止状态。再综合运用"转换节点""曲率"等工具，在第46帧将角色调整为惊喜表情状态（口型张大、露出牙齿、眼睛拉长一些、整个头部位置上移一点），如图4-16所示。单击"播放"按钮查看动画效果。

图4-16

（6）给惊喜的动作加一个**预备姿势**：复制第35帧的关键帧到第38帧的位置，将头压扁一点并向下移动一些位置，调整眼睛和嘴巴的状态，如图4-17所示。单击"播放"按钮查看动画效果。

图4-17

（7）给动作加一个**缓冲姿势**：复制第46帧的关键帧到第43帧的位置，将整个头部的位置比最后姿势的关键帧调整更上一些，并整体拉长一点，眼睛的位置再上移一些，嘴巴宽度更大，使整个头部表情更夸张，如图4-18所示。单击"播放"按钮查看动画效果。

图4-18

（8）这时主要的关键帧已经完成制作，当动画的主要部分完成后，后续根据需要继续微调动画效果，微调动作时可以取消勾选"自动冻结关键帧"复选框，如调整第38~43帧的牙齿变化过程等，如图4-19所示。单击"播放"按钮查看动画效果。

图4-19

惊喜表情动画
制作工程文件

4.1.3 小球弹跳

小球弹跳动画
效果视频

小球弹跳制作
微视频

本案例（如图4-20所示）需要综合运用图层动画、节点动画、填充动画等技巧来实现，通过对本案例学习可以熟悉综合工具动画的使用方法，以及运动曲线的应用技巧等。

（1）新建一个"小球弹跳"工程，在"视图"菜单栏激活"打开网格"绘制选项，如图4-21所示。

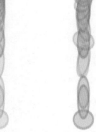

图4-20

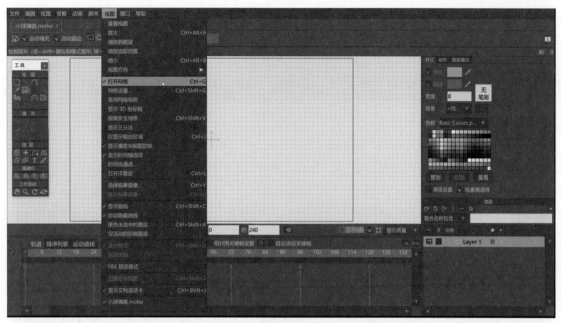

图4-21

"打开网格"功能可以在视窗中显示网格，制作时可以使用网格吸附功能，方便进行一些特定的操作，"网格设置"可以设置网格的大小，"禁用网格吸附"可以取消网格吸附功能。

（2）单击绘制图形工具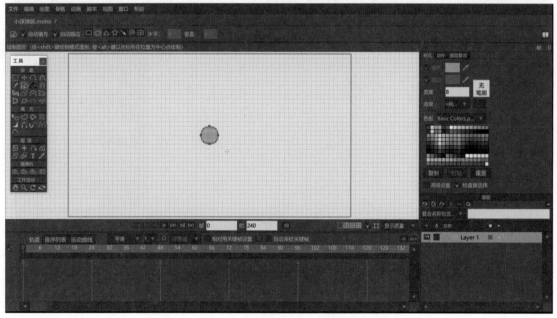，按住Shift+Alt快捷键在图层的中心点位置绘制一个正圆小球，如图4-22所示。

图4-22

（3）按Ctrl+G快捷键取消网格，在0帧位置，使用操控层工具 按住Shift键将小球向上移动到一个合适的位置，将该位置作为小球弹跳的起始位置，如图4-23所示。

图4-23

（4）在时间轴的第1帧，选择操控层工具 单击小球，在时间轴上创建一个小球"层移动"的关键帧，如图4-24所示。

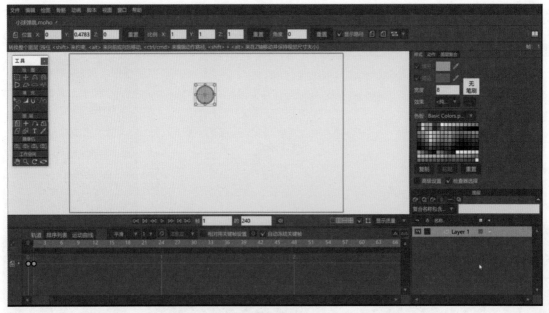

图4-24

（5）设定小球弹跳完整动画的时间为1秒钟：按Ctrl+C快捷键复制第1帧的"层移动"关键帧到第25帧，使第25帧的位置和第1帧的起始位置一致。将动画播放范围设定为1～25帧，方便查看动画效果，如图4-25所示。

图4-25

（6）设置小球落下触地的位置：在第6帧位置，使用操控层工具 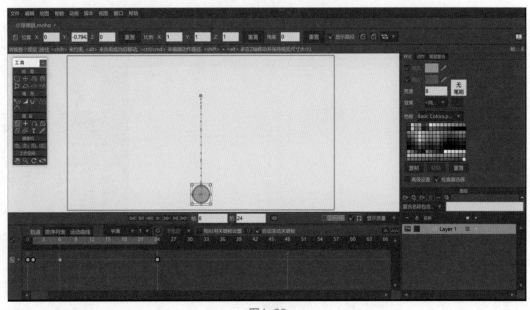 将小球向下垂直移动到一个合适的位置，如图4-26所示。单击"播放"按钮查看动画效果。

图4-26

（7）根据运动规律，小球触地前应该有个拉伸的状态：在第5帧位置，使用操控层工具 将小球拉伸成一个椭圆（按Shift键可以控制图层拉伸时的比例），如图4-27所示。注意：拉伸小球时，时间轴第0、第5帧会出现一个"层缩放"关键帧，第0帧的"层缩放"关键帧信息是小球初始创建时的原始数据，第5帧的"层缩放"关键帧信息是操作之后的数据，而第1、第6、第25帧是没有"层缩放"关键帧的（因为之前没有对它进行拉伸缩放操作）。单击"播放"按钮查看动画效果。

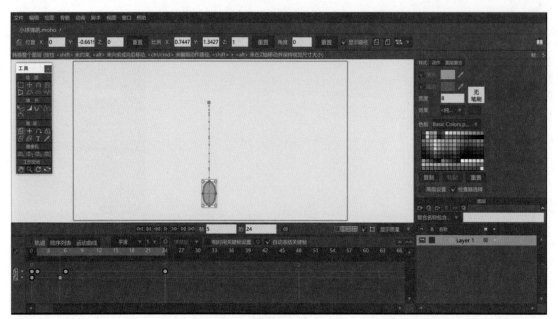

图4-27

（8）复制第0帧的"层缩放"关键帧到第1帧和第24帧的位置，使它们的拉伸状态保持不变（不拉伸），如图4-28所示。单击"播放"按钮查看动画效果。

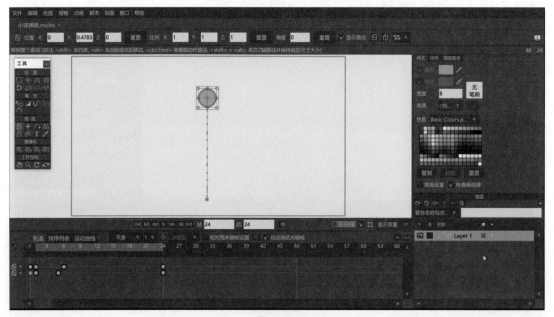

图4-28

（9）打开"洋葱皮"功能，使视窗中显示第1、第5、第6帧的洋葱皮信息，使用操控层工具 在第6帧位置单击"工具属性栏"中的比例重置，使第6帧的比例恢复到初始的圆形状态（这和复制第0帧的"层缩放"关键帧效果是一样的），如图4-29所示。单击"播放"按钮查看动画效果。

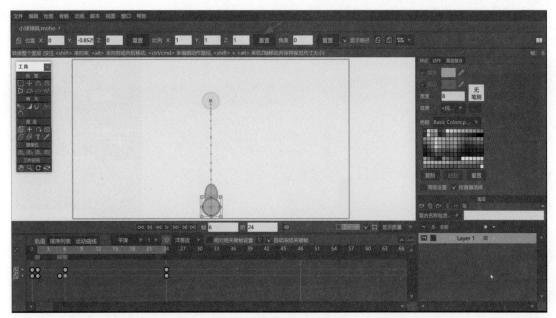

图4-29

（10）由于第6帧是小球弹跳的触地帧，根据运动规律小球触地时应为压缩状态：使用操控层工具 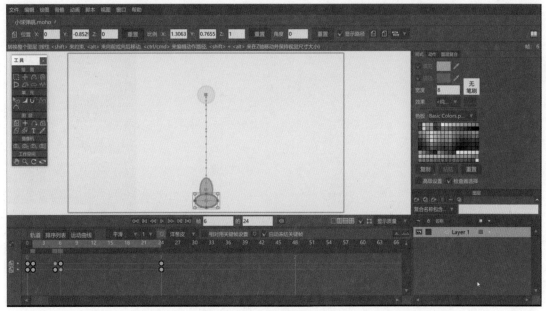 将小球压扁一些，注意位置应当比第5帧更下一些（因为第5帧还未触地），同时也给第5帧打上一个"层移动"关键帧，如图4-30所示。单击"播放"按钮查看动画效果。

图4-30

（11）制作小球触地后反弹的状态：在第7帧的位置将小球拉伸一些（小球弹起时也会做拉伸变形），并将位置稍上移，如图4-31所示。单击"播放"按钮查看动画效果。

图4-31

（12）目前已经完成了小球弹跳动画的主要关键帧设置，但小球的运动看上去还不够生动，接下来要调整动画的节奏：右击第1帧的"层移动"关键帧，在弹出的快捷菜单中选择"贝塞尔"关键帧类型，如图4-32所示。

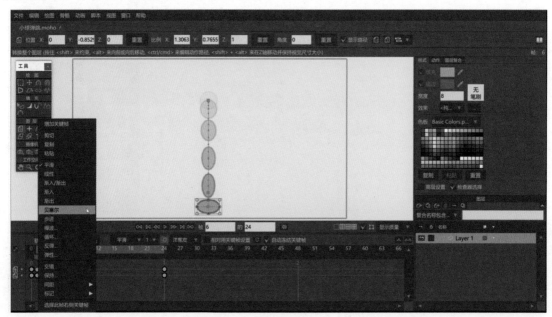

图4-32

"关键帧类型"用来设定关键帧以何种方式运动，不同的关键帧类型具有不同的运动特色，默认关键帧类型为平滑，详细介绍请扫码查看4.2节中"关键帧类型"微视频。

（13）打开"洋葱皮"显示1~5帧，单击时间轴上的"运动曲线"标签，切换到"运动曲线"编辑面板，激活层移动编辑，根据洋葱皮显示的结果，调整第1和第5关键帧上的绿色手柄

（绿色代表Y轴—上下位置，红色代表X轴—左右位置，蓝色代表Z轴—前后位置），将小球下落的运动过程设置为由慢到快的加速状态，如图4-33所示。单击"播放"按钮查看动画效果。

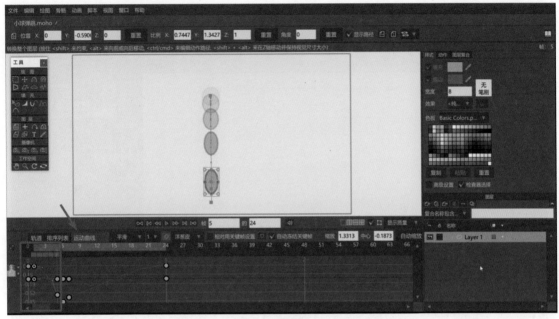

图4-33

注意：当前关键帧的运动类型，只影响当前关键帧和后一关键帧之间动画的运动节奏。

（14）按照同样的方法，将第7帧的"层移动"关键帧设置为"贝塞尔"关键帧类型，如图4-34所示。

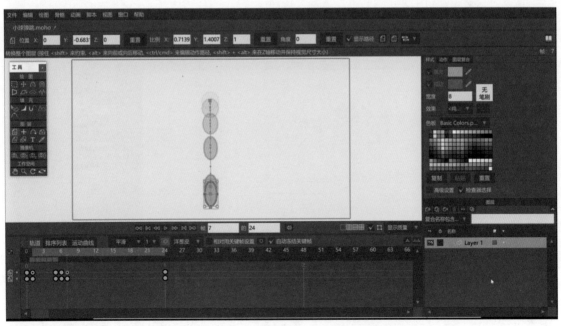

图4-34

（15）切换到"运动曲线"编辑面板，激活层移动编辑，根据洋葱皮显示的结果，调整第7和第24关键帧上的绿色手柄，将小球弹起的运动过程设置为由快到慢的减速状态，如图4-35所示。单击"播放"按钮查看动画效果。

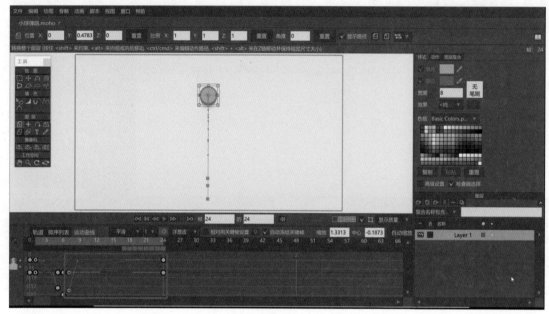

图4-35

（16）至此，已经完成了一个小球弹跳的动画，现在再做一个同样的弹跳：复制1～24帧中的所有关键帧，粘贴至第24帧的位置，这样1～24帧和24～47帧的动作就是一样的了，如图4-36所示。单击"播放"按钮查看动画效果（注意，将动画播放范围设置为1～47帧）。

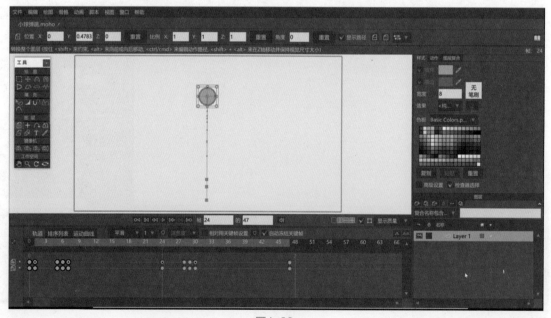

图4-36

（17）在小球第二次弹跳时，使它变成一个正方形：使用曲率工具在第47帧位置将小球所有的节点曲率设置为0，小球变成一个正方形，如图4-37所示。单击"播放"按钮查看动画效果。这时会发现小球从第1帧开始就慢慢变形到第47帧，那是因为目前时间轴上只有0帧和第47帧有图形变化的关键帧（节点移动和节点曲率）。

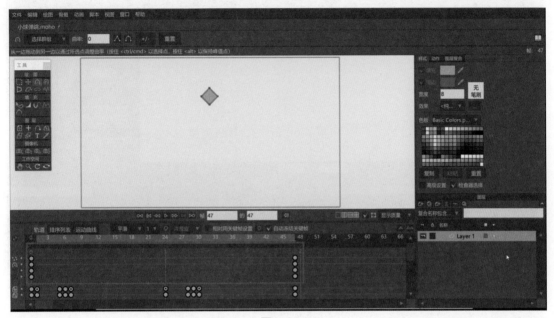

图4-37

时间轴上的红色时间线代表当前被选中节点的时间线，灰色时间线代表当前图层总时间线。

（18）复制第0帧的图形变化关键帧（节点移动和节点曲率）到第30帧位置，让小球第二次弹起之前保持节点曲率不变，如图4-38所示。单击"播放"按钮查看动画效果。

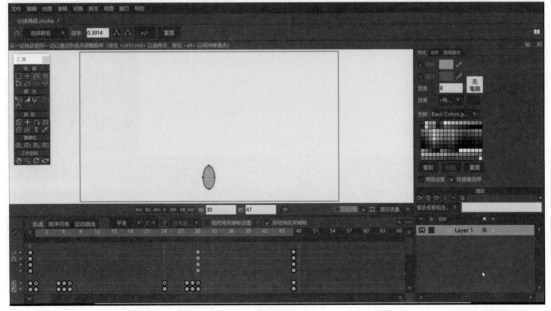

图4-38

（19）让小球弹起变成正方形时颜色也改变成黄色：使用选择图形工具 选中正方形，在第47帧将变成正方形的小球颜色更改为黄色，颜色边线也做相应的更改，如图4-39所示。单击"播放"按钮查看动画效果，发现小球在弹跳的过程中颜色在逐渐发生变化（由蓝色变成黄色）。

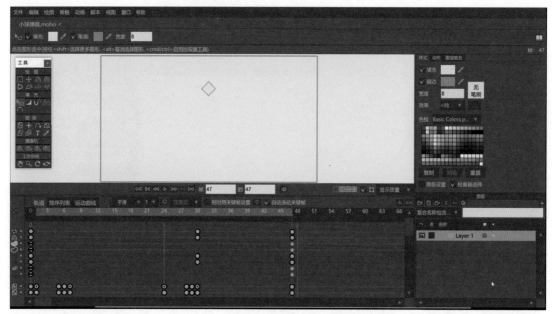

图4-39

（20）与之前的图形变化一样，拷贝第0帧的填充颜色与线条颜色的关键帧到第30帧位置，如图4-40所示。这样小球的颜色变化就控制在第30~47帧变成正方形的过程中，单击"播放"按钮查看动画效果。

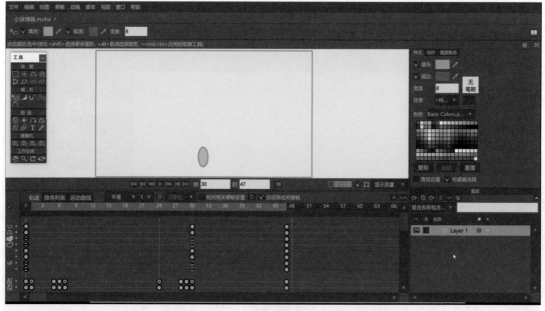

图4-40

（21）让小球在弹起变成正方形时做一些旋转变化：使用操控层工具 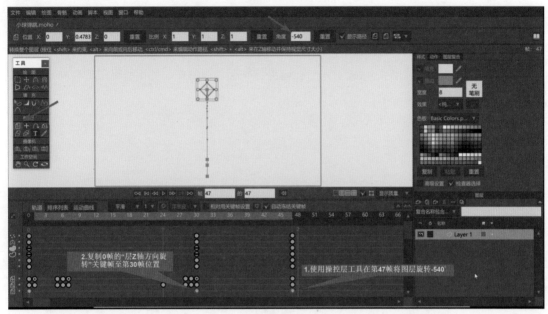 在第47帧将图层旋转-540°。然后复制0帧的"层Z轴方向旋转"关键帧至第30帧位置，让小球在1~30帧不产生旋转效果，如图4-41所示。单击"播放"按钮查看动画效果。

图4-41

（22）现在动画看上去小球在旋转过程中节奏不太好，下面调整旋转的节奏：设置第30帧的旋转关键帧类型为"贝塞尔"，切换到"运动曲线"编辑面板，激活"层Z轴方向旋转"编辑，调整第30和第47关键帧上的手柄，将旋转的运动过程设置为由快到慢的减速状态，如图4-42所示。单击"播放"按钮查看动画效果。

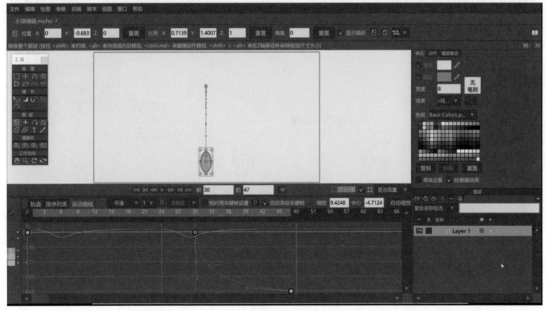

图4-42

（23）根据需要进一步调整动画，直至满意为止，在这个案例中还可以进一步使运动产生更多的变化，比如形状、线条粗细、图形大小、图形翻转、透明度变化等。

4.1.4 翻山越岭的小火车

本案例（如图4-43所示）动画运用引导层功能制作，利用引导层的弯曲层功能制作流畅的路径动画。

图4-43

（1）创建一个工程文件（也可以直接使用本书提供的工程素材文件），分别绘制"山""火车""白云"和"背景天空"4个矢量图层，调整好它们的层次关系，如图4-44所示。

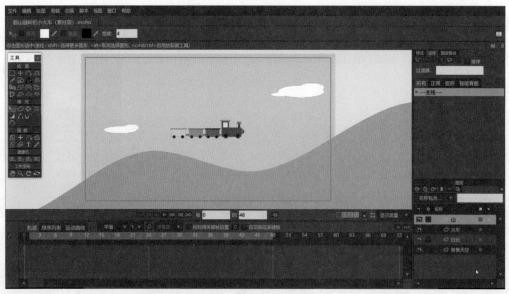

图4-44

（2）新建一个矢量层，命名为"引导层"，复制山的路径线段至引导层，如图4-45所示，作为火车运行轨迹的引导线，为了方便观察可以关闭"山"图层可见。

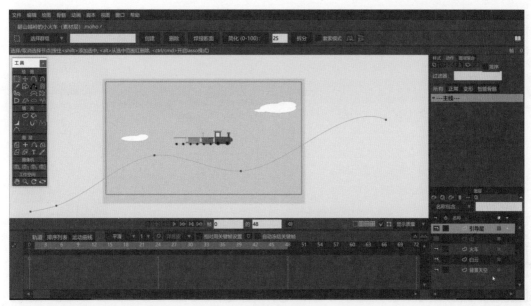

图4-45

（3）选中"火车"图层，单击图层引导线工具 ，此时引导线出现在视图中，在第1帧按住
Alt+向左方向键单击引导线左侧起点位置，将火车放置在左侧画外（调整属性栏引导线百分比可
以精确输出位置），如图4-46所示。

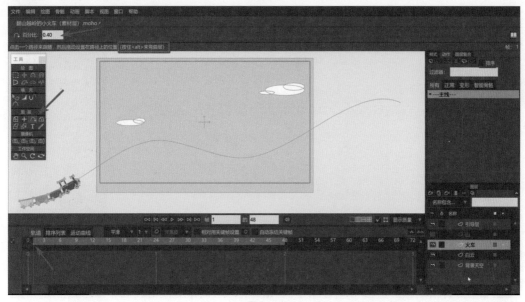

图4-46

💿 引导线工具 允许任何图层跟随引导路径移动，详细介绍请扫码查看3.2.2节中"引导线工
具"微视频。

（4）在时间轴第48帧，使用引导线工具 向右拖动火车，设定火车的最后位置，时间轴中
出现两个"引导线"关键帧，如图4-47所示。单击"播放"按钮查看动画效果，此时火车已经沿
着路径运动起来了，并且随着路径的弯曲幅度而弯曲火车。

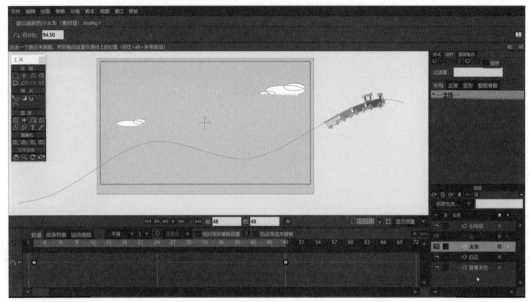

图4-47

（5）打开显示"山"图层，播放动画发现火车有一部分被山体遮住了，如图4-48所示。这是因为被引导的图层是以图层中心点为基准依附路径运动的，而本案例"火车"图层中心点在火车的中间位置。

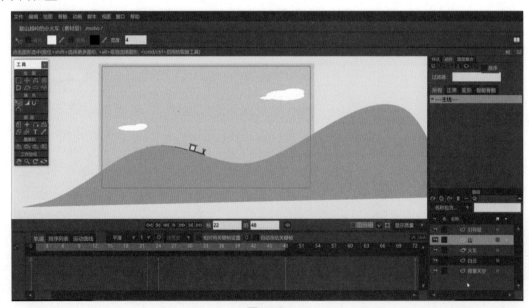

图4-48

（6）在"火车"层时间轴的第1帧，单击操控层工具█，按住Shift+向左方向键将小火车垂直上移至合适的位置，使火车的车轮与山的轮廓基本贴合，如图4-49所示。单击"播放"按钮查看动画效果。

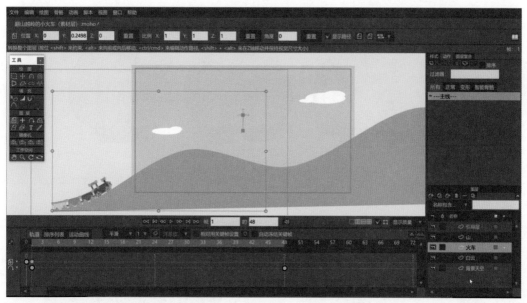

图4-49

（7）单帧渲染效果如图4-50所示，可以根据自己的需要调整动画，输出视频。

翻山越岭的小
火车工程文件

图4-50

4.1.5　角色转头

　　角色转头是动画中经常使用的重要动作，在项目制作中一般都将转头设置成智能骨骼控制器控制，方便随时调用，而制作角色转头控制器需要在智能骨骼中完成转面动画的设定，本案例（如图4-51所示）就是介绍设定转面动画的主要方法，案例主要运用节点移动、层操控、层切换以及综合其他知识技巧完成。制作复杂角色的转面是一个需要耐心的过程，同时需要较为清晰的思路，通过学习本案例可以很好地锻炼在Moho中制作转面的能力。

角色转头动画
效果视频

角色转头素材
文件

角色正面转45度面制作微视频

图4-51

（1）根据设计图在0帧位置绘制角色图形，本案例将角色分为"头部"和"身体"两个层组，头部层组根据需要分解成若干个子层组和子层，并针对性命名，如图4-52所示。

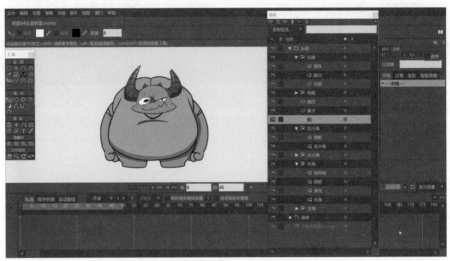

图4-52

（2）将"大泰角色"图层放置在顶层，在0帧位置利用操控层工具 将45°面位移至绘制图正面合适的参考位置（使45°设计图的头部和绘制图的身体匹配），如图4-53所示。

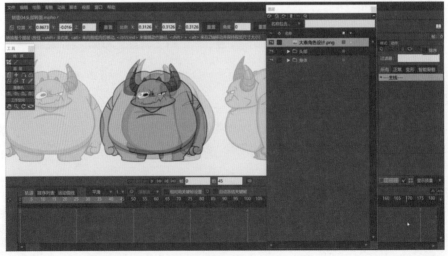

图4-53

（3）设计图的位置放置好后，将图层再次放置在底层作为制作转面时的位置参考，关闭"身体"层组的显示，如图4-54所示。

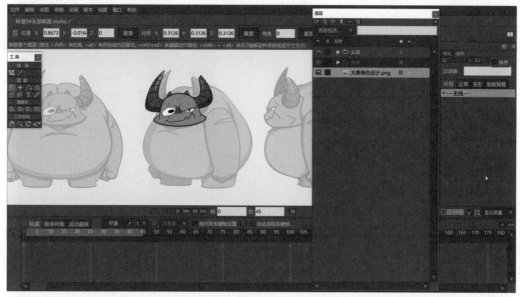

图4-54

（4）关闭"头部"层组的显示（这样在选择其子层时，只显示子层的路径而不显示填色，方便后续参考位置），选中"脸"层，如图4-55所示。

图4-55

（5）在时间轴的第25帧位置（设定角色头部从正面转到45°时间为1秒钟，也可以设置为其他时长，但其他子层在制作同步转动时应当和这个帧数一致），参考设计图，利用转换节点工具 ✛ 将头部的结构线位移至合适位置，如图4-56所示。拖动时间轴指针，查看路径的运动变化过程。

图4-56

　　角色在转面的过程中结构的变化，是通过该结构路径的形状变化实现的，而形状变化主要是通过节点的位移和曲率调整实现。调整节点的位置时尽量使节点保持在角色结构的对应位置，这样动画的形状变化会更合理。例如，头顶的节点在位移到45°面时依然在头顶的位置，而不要放置在额头处；脸庞两端的节点位移到45°面时同样在脸庞两端的位置，不要放置在下巴或其他位置（可以尝试放置在其他位置，然后拖动时间轴查看运动变化效果，这样就能更容易理解）。

　　（6）选择"嘴巴"图层，用同样的方法将嘴巴的路径调整到与设计图对应的位置，注意应该在第25帧位置，如图4-57所示。

图4-57

　　（7）用同样的方法将"鼻子""左眼""右眼"完成，每完成一个部分都拖动时间轴检查一下，看看运动变化是否合理，也可以打开"头部"层组的显示查看效果，如图4-58所示。

图4-58

（8）"右小角"转到45°时位置需要从角色面部的后面变到前面，这时需要启用"动画层顺序"解决。

首先在第25帧参考设计图完成右小角的形状变化，然后双击"头部"层组（因为"右小角"层组是"头部"层组的子层），在"层设置"面板的"景深排序"标签中勾选"启用动画层顺序"复选框，如图4-59所示。注意"头部"层组标识的变化。

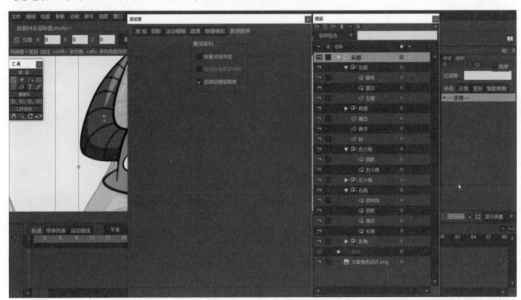

图4-59

 "启用动画层顺序"功能可以让一个层组中的子层在动画过程中变换层秩序，详细介绍请扫码查看3.2.1节中"层组-景深排序"微视频。

（9）设定右小角在第21帧时跳转到面部的前面层次：在第21帧位置拖动"右小角"子层组到"头部"层组内的顶层（注意不要拖到"头部"层组外面去）。这时，右小角已经显示在面部的前面，如图4-60所示。

图4-60

（10）大家可能会疑惑：做了层顺序动画后为何"右小角"图层时间轴上没有关键帧标识？层顺序动画的关键帧标识只显示在开启了"动画层顺序"的父层（有 标识的），选中"头部"层组，可以看到关键帧标识，如图4-61所示。

图4-61

（11）为了使转面动画看上去更合理，可以让右小角在转动时有些位移。选择"右小角"层组，第25帧使用操控层工具 选中图层，创建一个"层移动"关键帧，此时不要做图层位移动画，只需要创建一个关键帧即可，如图4-62所示。

图4-62

（12）在第20帧将"右小角"层组向右移动一些距离，如图4-63所示。使右小角在转头时有些空间感。拖动时间轴指针查看动画效果。

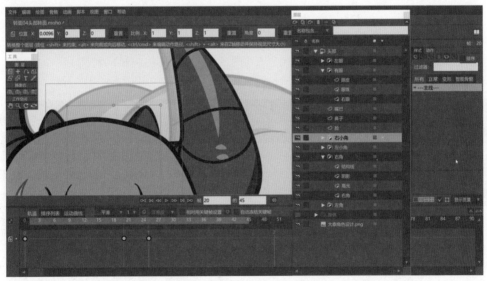

图4-63

有时大家可能会纠结：这个角突然跳转到前面看上去会不会有些突兀？这是二维动画和三维动画的区别，三维动画可以通过模型和摄影机实现立体空间（X、Y、Z轴）的全角度真实展示，二维动画则是通过平面空间（X、Y轴）模拟立体空间，因此二维动画在某些时候无法做到三维动画的流畅变化。但绝大多数情况下，这并不影响动画的质量，因为二维动画由于技术特征以及画面风格的原因，并不追求过分真实细腻的物理变化，只需要尽量使这些变化看上去合理即可。本案例中，在实际制作动画时转头一般需要时间很短，而且一般情况也不会给这个结构大特写，因此观众不会觉察到这个问题。如果一定要用到此类变化的特写镜头且动作比较慢，那么可以特别针对这类镜头制作精细化模型和动画。

（13）根据以上经验完成"右角"层的处理，注意右角上面的线段应当有对应的合理移动，不用弄错了位置，"右角"可以在第18帧的位置切换，如图4-64所示。

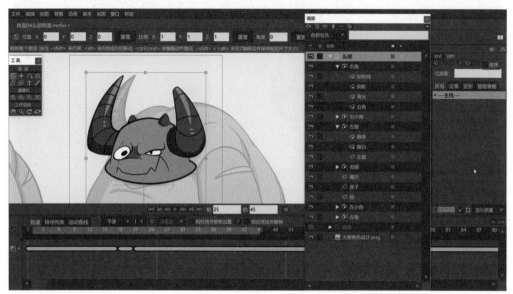

图4-64

注意： 在"头部"层组中，如果有多个子层做了层顺序动画，不会显示多条"层次序"时间线，而是综合在一条时间线上。

（14）继续处理剩下的"左小角"和"左角"层，完成角色由正面转到45°面的动画，如图4-65所示。

图4-65

角色45度转侧
面制作微视频

（15）接下来完成角色由45°面转到正侧面的动画，先在0帧把设计图放置在合适位置，然后在第50帧进行制作，可以优先处理"脸层"，这样更方便其他图层动画时的预览，如图4-66所示。其他图层都可以参照本案例（1）～（14）步的经验完成。

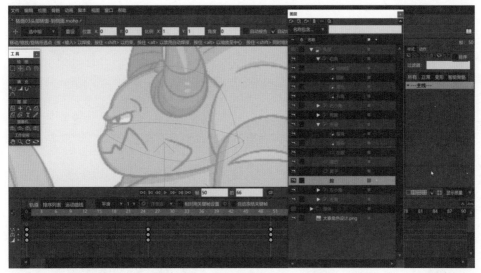

图4-66

（16）由于透视的原因，由45°面或正面转向侧面时，有一半的结构被遮挡，比如转向侧面时，一半眼睛、嘴巴、鼻子、脸庞等结构看不见了，如图4-67所示。这是制作转面最需要解决的问题。解决这个问题主要是利用Moho的层次的遮挡关系以及遮罩功能。

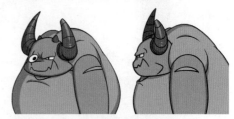

图4-67

（17）在本案例的转面中，"右眼"层应该在"左眼"层的上面，"右角"层应当在"左角"层上面，这样在转面时就不会穿帮，如图4-68所示。

图4-68

🔘 创建角色时，角色左右的结构可以根据自己的习惯命名，可以把设计图画面右边命名为"右"，也可以角色为参照把角色的右边命名为"右"，只要自己习惯或团队达成统一标准就行。

（18）本案例中由于"鼻子""嘴巴"和"左眼"层没有做遮罩处理，会出现穿帮情况。双击打开"头部"层组的"层设置"，在"遮罩"标签中勾选"显示遮罩"复选框，做如下操作：

①将"脸"层设为遮罩层并激活"笔触除外"，限定其他被遮罩层只在"脸"的范围显示，同时完整显示脸的边线。

②设置"鼻子""嘴巴"层为被遮罩层。

③设置"左眼"层为"被遮罩层"，注意：这个设置选项在"左眼"层设置"遮罩"标签中的"层遮罩"选项里，"群组遮罩"是开启"左眼"本层组的遮罩功能。

④其他层的"层遮罩"选项都设置为"不遮罩此层"。

设置完成后视窗显示效果如图4-69所示。

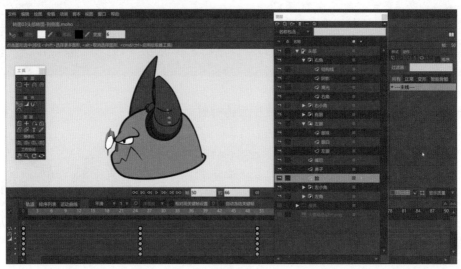

图4-69

🔘 会发现有一部分眼睛似乎并没有被遮罩而显示在头部外面，这是由于Moho目前对视窗预览的优化还不够，当一个做了遮罩效果的层组中还包含一个创建了遮罩效果的层组时，就会出现这种问题，但渲染是正常效果，因此不用担心，可以渲染单帧查看效果确认一下。

（19）开启"身体"层显示，关闭设计稿图层显示，按Ctrl+R快捷键渲染查看效果，如图4-70所示。

角色转头工程文件

图4-70

（20）最后检查调整动画，无误后渲染输出动画视频。

4.2 学习资源

本节提供的视频学习资源是制作Moho动画重要的知识点，最好先熟悉它们，这样在做案例练习的时候思路会更清晰。

时间轴	关键帧	关键帧类型	洋葱皮
节点移动的逻辑	自动冻结关键帧	相对关键帧	1拍几

4.3 实用小技巧

（1）在创建角色物体图形时，对称结构的节点分布尽量一致，这样会方便在后期制作转面动画。

（2）设计图在创建0帧图形时看不到的结构，若在动画转面时需要显现，那么该结构也需要在0帧创建出来，只是在0帧是"隐藏"好。

（3）制作节点动画时，若需要频繁选取某些指定节点，而画面节点较多，不方便选择时，可以将指定节点打组，方便随时调取。

（4）某些时候可能想要显示非当前选择帧的图形路径，以方便在制作时参照，这时可以右击需要显示路径的层，在弹出对话框的"快速设置"中激活"路径"。

（5）可以通过滚动鼠标滚轮来放大或缩小运动曲线标签面板。

（6）如果想让某个关键帧持续一定时间不动，可以按住Alt键拖动关键帧标识来设定静止不动的时长，也可以右击该关键帧标识，在"保持持续"选项里设置相应的帧数。

（7）可以同时选择多个关键帧，右击，在弹出的快捷菜单中改变关键帧类型。

4.4 常见问题

1. 设置遮罩效果时出现不正确的显示，怎么办？

解决办法：由于Moho目前对视窗预览的优化还不够，当一个做了遮罩效果的层组中还包含了一个创建了遮罩效果的层组时，就会出现这种显示问题，但渲染是正常效果。因此不用担心，可以渲染单帧查看效果确认一下。

2. 时间轴面板上出现了意外的非必要的关键帧，怎么办？

解决办法：

（1）制作动画时要注意时间轴指针的位置，在创建关键帧之前要确认当前帧是否正确，某些时候忘记确认关键帧位置而进行了操作时，时间轴上就会出现意外的关键帧。

（2）由于时间轴上的关键帧是自动创建的，某些时候可能不经意单击了操作出现意外的关键帧。

3. 创建的关键帧都不是默认平滑类型，而是某种特殊类型，怎么办？

解决办法：检查时间轴上的关键帧"默认差值"是否为"平滑"，设置默认差值可以在制作时保持某种指定的关键帧类型。

第 **5** 章 ｜ 骨骼的创建与设置

　　骨骼功能是Moho最重要、最具有特色的功能，它不仅可以作为常见的角色肢体运动的工具，也可以将骨骼与图形的特定变化关联起来，还可以作为图形运动变化、骨骼运动变化、图层控制，甚至是效果动画的控制器。充分利用Moho的骨骼可以提升制作效率和动画质量。

　　骨骼的创建与设定是在角色图形创建完成之后进行的，它在Moho角色动画制作工艺流程的位置如图5-1所示。

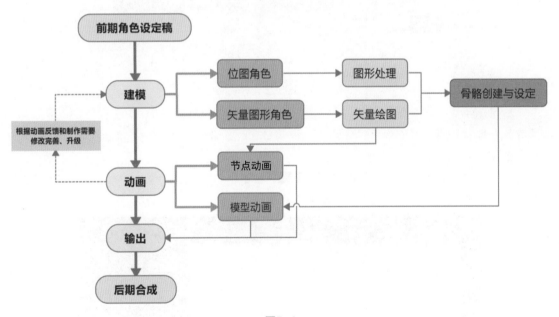

图5-1

　　本章将详细介绍与Moho骨骼相关的工具作用及使用方法、骨骼的多种绑定方法、骨骼运动修正和创建智能骨骼控制器等内容。通过丰富的针对性的案例来了解相关知识点，掌握相关技巧方法。

5.1　创建骨骼

5.1.1　骨骼认知

骨骼是Moho的核心功能，同时也是在制作动画的过程中使用最频繁的功能。在Moho中使用骨骼功能，必须建立特定的骨骼群组图层，将需要被骨骼控制的图层放置于骨骼群组下，只有在骨骼群组下的图层才可以被骨骼控制。

1. 骨骼的基本概念

（1）骨骼的形状像一个飞镖，分为尖端和根端，根端较粗，当前被选中状态下的骨骼呈红色，如图5-2所示。

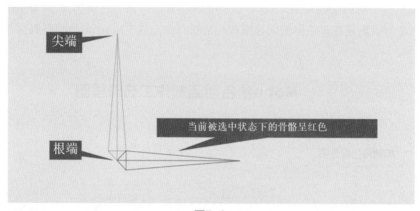

图5-2

（2）创建骨骼需要使用增加骨骼工具，必须在骨骼图层且必须在0帧进行。

　增加骨骼工具可以给角色创建骨骼、给骨骼重新命名等，详细介绍请扫码查看5.4.1节中"增加骨骼工具"微视频。

（3）骨骼的长度大小可以在转换骨骼工具属性栏中的"长度"输入框中设置，如果骨骼长度为0，那么它就是一个点骨，点骨呈圆形且没有尖端，如图5-3所示。

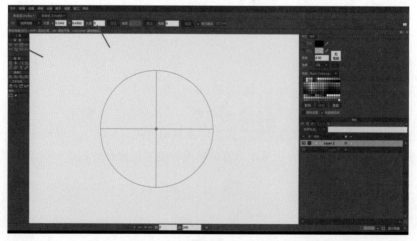

图5-3

▣　转换骨骼工具▣可以移动、旋转和缩放骨骼，调整骨骼的长度角度等，详细介绍请扫码查看5.4.1节中"转换骨骼工具"微视频。

2. 骨骼的父子关系

（1）骨骼可以设置父子关系，正确设置骨骼的父子关系才能使骨骼系统合理的运动。

（2）选中某根具有父骨的骨骼，使用重设骨骼父子关系工具▣，可以看到该骨骼有个箭头指向另一根骨骼，被指向的骨骼就是这根骨骼的父骨，如图5-4所示。

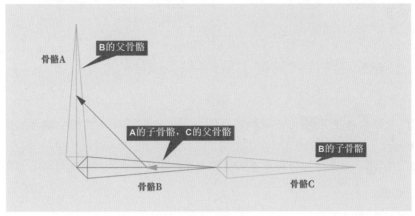

骨骼A

B的父骨骼

A的子骨骼，C的父骨骼

B的子骨骼

骨骼B　　　　骨骼C

图5-4

▣　重设骨骼父子关系工具▣可以修改骨骼的父子关系，详细介绍请扫码查看5.4.1节中"重设骨骼父子关系工具"微视频。

（3）默认情况下，子骨骼的位置会跟随父骨骼的移动而移动。

（4）当某根父骨骼只有一根子骨骼（子骨骼的子骨骼不算多根），移动子骨骼时父骨骼会自动做相应的移动。

3. 骨骼的操纵

转换骨骼工具、操纵骨骼工具和画骨骼的草图工具可以操纵骨骼运动。

使用转换骨骼工具操纵骨骼时不会对父骨骼的位置产生影响，操纵骨骼工具在使用时会启动IK功能，画骨骼的草图工具可以使用画线的方式操纵骨骼运动。

▣　操纵骨骼工具▣可以在0帧测试骨骼的效果，也可以在非0帧控制骨骼的运动，详细介绍请扫码查看5.4.1节中"操纵骨骼工具"微视频。

▣　画骨骼的草图工具▣用于快速创建多根骨骼，骨骼之间的父子关系按创建的先后顺序自动建立，画骨骼的草图工具还可以在非0帧快速操控骨骼，工具详解请扫码查看5.4.1节中"画骨骼的草图工具"微视频。

（1）旋转：使用转换骨骼工具可以旋转骨骼，骨骼的旋转以根端为中心。

（2）位移：使用转换骨骼工具靠近某根骨骼时，骨骼尖端和根端会各出现一个红点，单击拖曳根端的红点可以移动骨骼的位置。

（3）缩放：使用转换骨骼工具靠近某根骨骼时，骨骼尖端和根端会各出现一个红点，单击拖曳尖端的红点可以缩放骨骼长度大小。

4. 骨骼的权重

（1）新创建的骨骼自带一个胶囊形状的权重，如图5-5所示。权重对图像运动会产生影响。

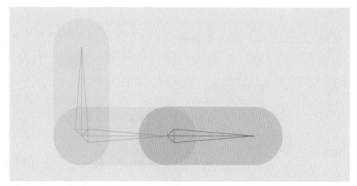

图5-5

（2）使用骨骼权重工具 ▣ 可以调整权重的大小，也可以在属性栏中输入数值以精确设置权重。

🔲 骨骼权重工具 ▣ 详细介绍请扫码查看5.4.1节中"骨骼权重工具"微视频。

5. 骨骼的约束

Moho还可以对骨骼进行角度、挤压和拉伸、目标骨骼、控制角度的骨骼、控制位置的骨骼、控制缩放的骨骼以及骨骼动力学方面的约束和设置。

🔲 骨骼约束相关详细介绍请扫码查看5.4.3节中"骨骼约束"微视频。

5.1.2 人形角色基本骨骼的创建与设置

本案例将通过Moho的骨骼工具，创建一个基本的人体骨骼模型（如图5-6所示）。创建骨骼是建立骨骼模型的必要步骤，根据角色结构特点新建骨骼，并通过调整骨骼父子关系、骨骼权重范围等一系列操作来完成对骨骼模型的初步设置，通过学习本案例可以快速认识骨骼工具和掌握创建骨骼、设置骨骼的方法。

人形角色基本
骨骼创建与设
置微视频

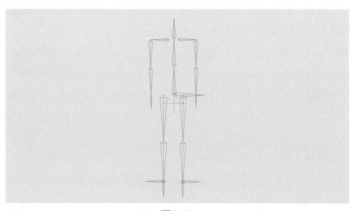

图5-6

（1）新建一个Moho工程文件，在图层面板中单击"新建层"按钮，在弹出的快捷菜单中选择"骨骼"新建一个骨骼图层。如图5-7所示。

图5-7

（2）创建骨骼：使用增加骨骼工具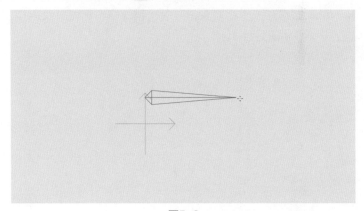，拖动鼠标建立总控骨骼，如图5-8所示。

图5-8

Moho创建骨骼模型时，为了方便模型后续的操作，都会使用一根骨骼作为总骨骼，其他骨骼都作为它的子骨骼或子骨骼控制之下，用来控制角色的位置。

（3）按住Shift键，拖动鼠标连续建立腹部、胸腔和头部3根骨骼，如图5-9所示。

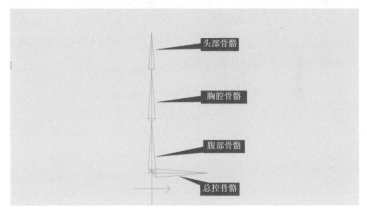

头部骨骼

胸腔骨骼

腹部骨骼

总控骨骼

图5-9

创建骨骼时可按住Shift键，强制固定骨骼创建的角度。

（4）继续创建完成人形角色的其他骨骼，如图5-10所示。

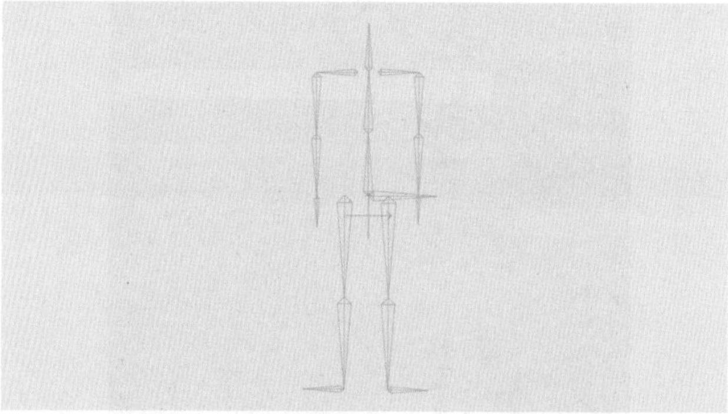

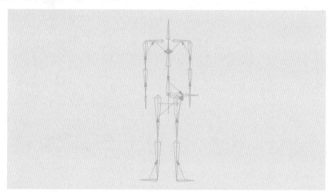

图5-10

（5）设置骨骼的父子关系：骨骼创建完毕之后，通过操作骨骼工具移动骨骼，需检查骨骼父子关系是否合理，及时修改错误的骨骼父子关系。在工具栏选择重设骨骼父子关系工具，可以看到除总控骨骼外，每一根骨骼都有一个小箭头指向另一根骨骼，骨骼箭头所指向的骨骼就是它的父骨骼，正确的骨骼父子关系如图5-11所示。

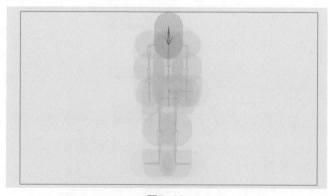

图5-11

🔘 📡重设骨骼父子关系工具可以修改骨骼的父子关系，详细介绍请扫码查看5.4.1节中"重设骨骼父子关系工具"微视频。

（6）设置权重：选择骨骼权重工具🔗可以看到每一根骨骼都有一个胶囊形状，如图5-12所示，这就是骨骼的权重影响范围，要改变骨骼权重的大小，可以通过左右拖动鼠标来实现（也可以在工具属性栏的"骨骼权重"输入框中输入数值）。

图5-12

（7）给头部骨骼设置角度约束：用选择骨骼工具选中头部骨骼，在工具属性栏中单击"骨骼约束"，勾选"角度约束"复选框，在"最小/最大（角度）"输入框中输入"-30"和"30"，如图5-13所示。这样头部左右摇动就控制在左右30°的范围内。

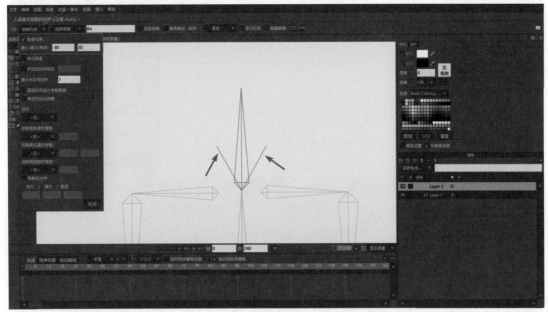

图5-13

（8）给双脚设置目标骨骼：在两根小腿骨骼的尖端分别创建两根独立的骨骼，作为双脚的目标对象，这两根骨骼作为独立骨骼不需要有父子关系，如图5-14所示。

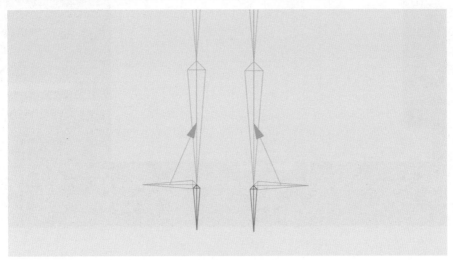

图5-14

（9）用选择骨骼工具选中左小腿骨骼，在工具属性栏"骨骼约束"中的"目标"下拉菜单中勾选新创建的骨骼，作为左小腿骨骼的目标，目标骨骼的根端出现一个靶心的标识，如图5-15所示。

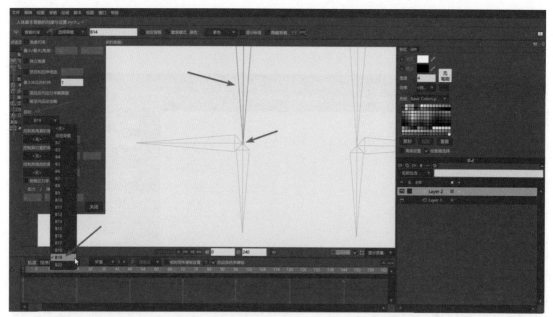

图5-15

（10）用同样的方法处理右脚的目标骨骼，如图5-16所示。

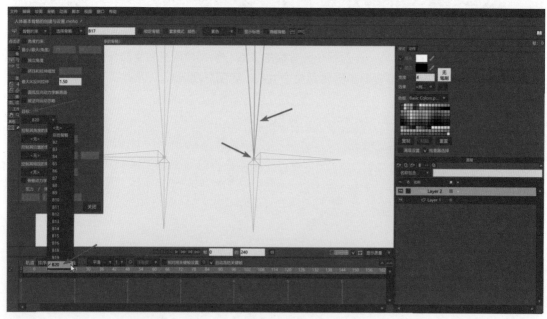

图5-16

（11）移动总控骨骼时会发现两只脚的位置始终固定在目标骨骼的位置，当移开身体时，两只脚也始终指向它们的目标骨骼，如图5-17所示。

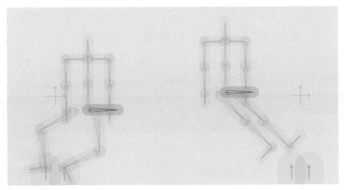

图5-17

（12）当移动目标骨骼时，腿部的骨骼也自动调整到合适的位置，相当于目标骨骼可以控制腿部骨骼的姿态，如图5-18所示。

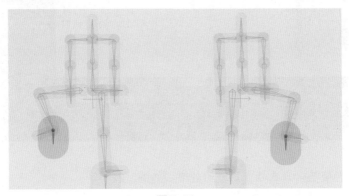

图5-18

（13）还可以给腿部骨骼设置运动时的拉伸范围：全选大小腿的4根骨骼，在"骨骼约束"中把"最大IK反向拉伸"设为"1.5"，如图5-19所示，这样这4根骨骼可以在运动时拉伸50%的长度。移动身体测试拉伸效果。

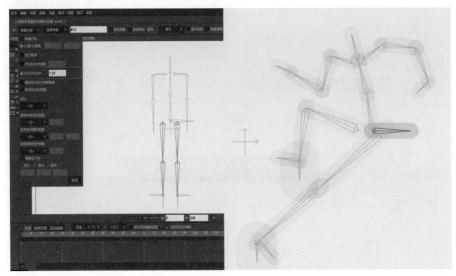

图5-19

（14）给脚掌设置独立角度：可能会发现脚掌在腿部运动时会做一些不需要的转动，比如当角色蹲下时脚掌也旋转角度。这时就可以给脚掌设置独立角度：选中两根脚掌骨骼，在"骨骼约束"中勾选"独立角度"复选框，如图5-20所示。这样脚掌的角度就不会自动旋转，而需要手动控制。

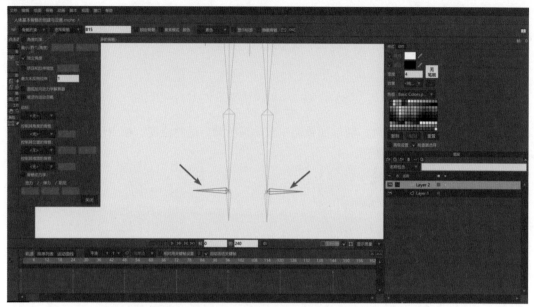

图5-20

（15）控制角色姿势，查看独立角度的效果，如图5-21所示。

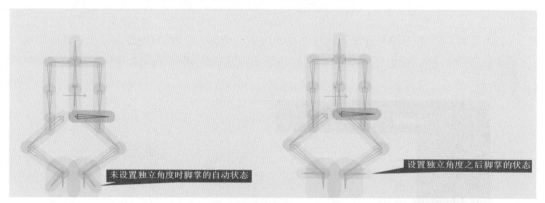

未设置独立角度时脚掌的自动状态

设置独立角度之后脚掌的状态

图5-21

5.2　骨骼绑定

骨骼绑定是在Moho中使用骨骼控制图形或图像之前的必要操作，使用不同的方式绑定骨骼可以获得完全不一样的效果，一般情况下会结合动画效果的实际情况去决定使用哪种绑定方式。在一套骨骼模型中可以存在多种不同的绑定方式，可以根据实际需要，将不同的绑定方式进行混搭以达到更好的动画效果。

5.2.1 珠海渔女（位图柔性绑定）

本案例使用Moho的柔性绑定功能，将珠海渔女（如图5-22所示）创建一个简单的位图骨骼模型，并利用模型制作简单的动画。柔性绑定是Moho的默认绑定方式，它**通过骨骼权重去影响骨骼周围的图像**，每一根骨骼都可以根据需求去单独设置权重范围的大小，越靠近骨骼中心的内容受影响越大。通过学习本案例可以快速地认识和掌握柔性绑定的特性。

渔女动画效果　渔女 psd 素材　渔女动画制作
　视频　　　　　文件　　　　　微视频

图5-22

（1）图片前期处理：在Photoshop软件中将渔女风景照片进行分层处理，将礁石、渔女和背景分成三个独立图层，如图5-23所示。

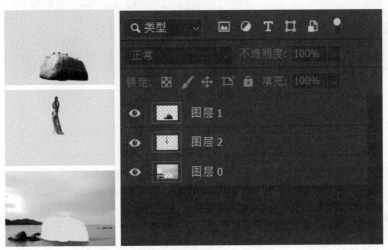

图5-23

　在创建位图骨骼模型时，分层处理是很重要的操作，它将在一定程度上决定着模型做动画时的最大可能性，因此不管是位图还是矢量图形，都应当合理地做分层处理。

（2）导入psd文件到Moho：新建一个Moho工程文件，在0帧位置，单击图层面板中的"新建层"按钮，在弹出的快捷菜单中选择"图像"选项。在弹出的对话框中，找到需要导入的psd文件，如图5-24所示，单击打开。

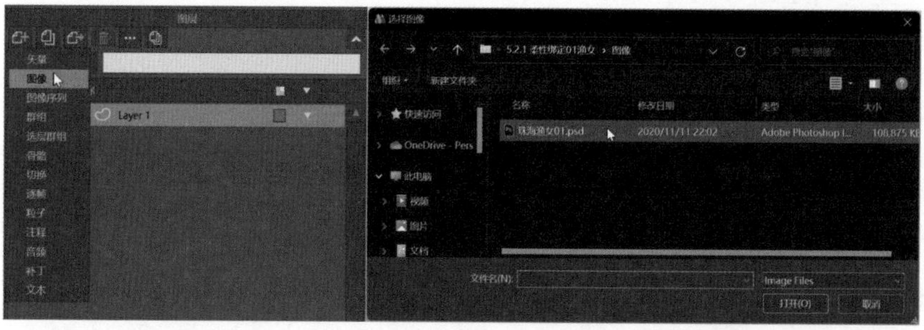

图5-24

（3）Moho会提示使用哪一种方式导入层，选择"单独"即可，如图5-25所示。

➢ 单独：把psd文件中的每一个图层都单独导入。

➢ 合成：把psd文件合并成一张图导入。

➢ 选择图层：任意选择psd文件中某一个或多个
图层导入。

（4）导入完成之后，如果图层名没有被正确
显示，通过单击图层名可以快速修改图层名（如
图5-26所示），也可以在"层设置"里面修改图层名。

图5-25

图5-26

（5）创建骨骼：在图层面板中选中"渔女"层，在图层面板中单击"新建图层"按钮，在弹
出的快捷菜单中选择"骨骼"选项创建一个新的骨骼图层，将骨骼图层命名为"珠海渔女"，再
把"渔女"图层拖动到"珠海渔女"骨骼图层下，如图5-27所示。

图5-27

在Moho中，想要让图像被骨骼驱动，必须将被驱动的图像层放置于骨骼图层之下，将其作为
骨骼图层的子级层。

（6）确保骨骼层被选中，在工具栏中选择增加骨骼工具，拖动鼠标在渔女脚下创建一个总控骨骼，如图5-28所示。

（7）根据渔女的造型动态，依序创建骨骼，如图5-29所示。

图5-28

图5-29

（8）检查骨骼父子关系：骨骼创建完毕之后，需检查父子关系是否合理，正确的骨骼父子关系如图5-30所示，如果骨骼父子关系错误，利用重设骨骼父子关系工具修正。

（9）设置骨骼权重：选择骨骼权重工具可以看到每一根骨骼影响的范围大小，可以根据需要，选择需要改变权重的骨骼，左右拖动鼠标来控制权重范围大小，如图5-31所示。

图5-30

图5-31

（10）制作骨骼动画：在时间轴勾选"自动冻结关键帧"复选框，在时间轴第1帧，使用操纵骨骼工具拖动骨骼，可以看到图形受骨骼权重的影响产生变化。给"渔女"创建一个姿势，如图5-32所示。

图5-32

⊙ 拖动骨骼之后，可根据骨骼控制图像的效果，返回0帧重新调整骨骼权重范围，使图像变化接近需要的效果，只有在0帧才能调整骨骼权重。

（11）继续在第25帧位置，将"渔女"摆放成如图5-33所示姿态。

图5-33

（12）框选第1帧的所有关键帧，按Ctrl+C快捷键将其复制到第50帧位置，如图5-34所示。渔女动画制作完成，单击"播放"按钮查看动画效果。

渔女动画工程文件

图5-34

5.2.2 摆动的尾巴（矢量图柔性绑定）

摆动的尾巴动画效果视频

摆动的尾巴素材文件

摆动的尾巴动画制作微视频

柔性绑定既可以作用于位图，也可以作用于矢量图形。本案例使用Moho的柔性绑定功能，快速绑定角色的尾巴（如图5-35所示）。通过学习本案例可以学习柔性绑定在矢量图形上的应用。

图5-35

（1）创建骨骼：在Moho中打开本案例的素材资源文件，右击"小猫尾巴"群组层，在弹出的快捷菜单中选择"转换为骨骼层"选项将群组层快速转换为骨骼层，如图5-36所示。

图5-36

（2）确保骨骼层在0帧被选中，单击工具栏中的画骨骼的草图工具 <!-- icon -->，在工具属性栏中将新骨骼长度设置为0.05，接着在尾巴的根部，沿着尾巴的走向拖动鼠标快速创建多根骨骼，如图5-37所示。

图5-37

（3）设置骨骼权重：选择骨骼权重工具，按Ctrl+A快捷键全选所有骨骼。左右拖动鼠标改变所选骨骼的权重大小，让每根骨骼的权重范围刚好覆盖到尾巴的轮廓线，由于尾巴是有粗细变化的，所以部分骨骼的权重需要单独调整，如图5-38所示。

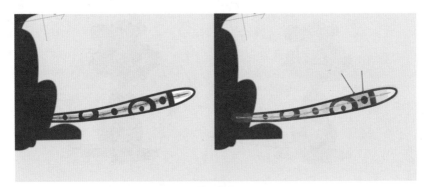

图5-38

在全选骨骼的情况下，需要单独调整某根骨骼权重的话，需要先在工具栏中单击选择骨骼工具，再单独单击需要调整的骨骼，然后再去工具栏选择骨骼权重工具进行调整。

（4）骨骼设置完成之后，就可以通过骨骼影响图形节点，创建不同的姿势。在时间轴第1帧位置，选择画骨骼的草图工具，此时在画布中的骨骼呈现待选择样式，如图5-39所示。

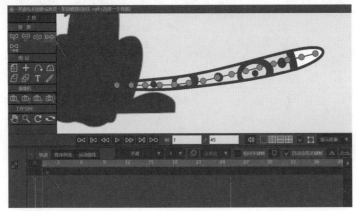

图5-39

（5）制作骨骼动画：在时间轴开启"自动冻结关键帧"，将鼠标光标对准尾巴最高层级的父骨骼，任意拖动鼠标绘制骨骼形状路径，即可快速创建尾巴不同的姿势，如图5-40所示。

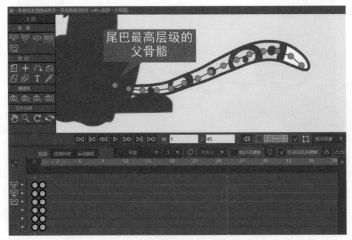

图5-40

⭕ 用速写工具调整骨骼时，可以从任意骨骼开始，无论从哪一根骨骼开始绘制，都可以在同一帧绘制多次，直至达到满意效果为止。

（6）分别在第7帧、第13帧、第19帧位置绘制速写骨骼，如图5-41所示。

图5-41

（7）根据尾巴摆动的走向调节关键帧，达到延迟动画效果（如图5-42所示），尾巴动画制作完成。

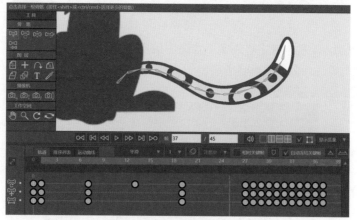

摆动的尾巴动
画工程文件

图5-42

5.2.3　奔跑的恐龙（区域绑定）

本案例将运用Moho的区域绑定功能对一只奔跑的恐龙（如图5-43所示）进行绑定，创建一个简单的位图骨骼模型。区域绑定是Moho模型的绑定方式之一，它和柔性绑定大同小异，都是**通过骨骼权重影响骨骼周围的图形**，与柔性绑定不同的是，区域绑定只影响骨骼自身权重范围附近的区域，且骨骼与骨骼之间的权重交叉影响较小。

通学习本案例可以快速地认识和掌握区域绑定的特性。

奔跑的恐龙动
画效果视频

奔跑的恐龙素
材文件

奔跑的恐龙制
作微视频

图5-43

（1）新建一个Moho工程文件，在0帧位置导入本案例的psd文件，为每一个图层命名，右击"恐龙"群组图层，在弹出的快捷菜单中选择"转换为骨骼层"，如图5-44所示。

图5-44

（2）开启区域绑定功能：双击"恐龙"骨骼图层，进入"层设置"面板，在"骨骼"选项卡中勾选"区域绑定"单选框，如图5-45所示。

奔跑的恐龙工
程文件

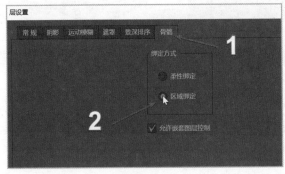

图5-45

（3）创建骨骼：根据恐龙的造型建立骨骼模型，并将骨骼父子关系调整好，如图5-46所示。

（4）设置骨骼权重：将每根骨骼的权重进行适当的调整，使骨骼的权重覆盖相对应的结构，如图5-47所示。

图5-46

图5-47

（5）装配骨骼：选择装配骨骼工具 🦴 ，将"大腿""小腿""小小腿"和"爪子"骨骼依序移动到"恐龙的身体"上，将关节适当地对齐，如图5-48所示。

📼 🦴 "装配骨骼"工具详解请扫码查看5.4.1节中"装配骨骼工具"微视频。

（6）选择操纵骨骼工具 控制"恐龙"骨骼模型，可以发现骨骼权重交叉的部位影响较小，不会像柔性绑定一样粘连在一起，如图5-49所示。

图5-48

图5-49

5.2.4 智能机械手（层绑定）

本案例将智能机械手（如图5-50所示）运用Moho的层绑定功能进行绑定，创建一个简单的骨骼模型。层绑定是Moho模型的绑定方式之一，它通过**骨骼与图层捆绑**的方式去影响图层，且不受骨骼权重影响。在所有的绑定方式中，层绑定处理优先级是最高的。通过对本案例学习可以快速地认识和掌握层绑定的特性。

智能机械手动画效果视频

智能机械手素材文件

智能机械手制作微视频

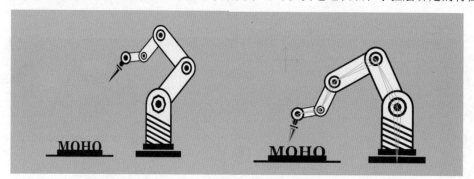
图5-50

（1）打开本案例Moho素材工程文件，分层图层排序如图5-51所示。

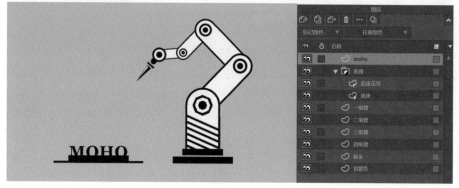
图5-51

（2）创建骨骼：将与"机械手臂"有关的图层选中，右击，在弹出的快捷菜单中选择"选层群组"，将图层创建在一个层组，然后再转换为骨骼层，如图5-52所示。

图5-52

（3）将骨骼层命名为"机械臂"，然后通过增加骨骼工具给机械臂创建骨骼，并且将骨骼父子关系设置为如图5-53所示效果。

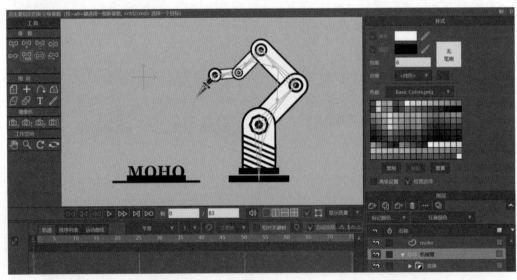

图5-53

由于骨骼旋转是根据骨骼根端的位置作为旋转轴心的，因此建立骨骼模型时，骨骼根端需要相对对齐机械臂关节旋转轴的轴心。

（4）层绑定骨骼：选中"底座"群组图层，在工具栏选择"捆绑层"工具，选择"总骨骼"，此时总骨骼呈现红色加粗，表示已经与"底座"群组图层完成绑定，如图5-54所示。

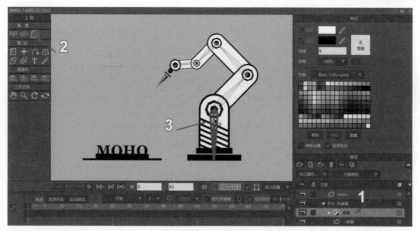

图5-54

（5）接着使用同样的方法将"一级臂"图层绑定给机械臂子骨骼1，如图5-55所示。

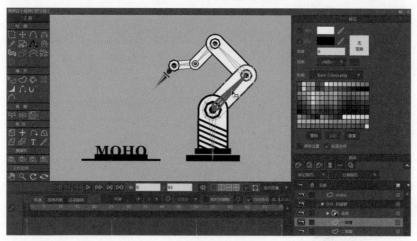

图5-55

（6）将"二级臂"图层绑定给机械臂子骨骼2，如图5-56所示。

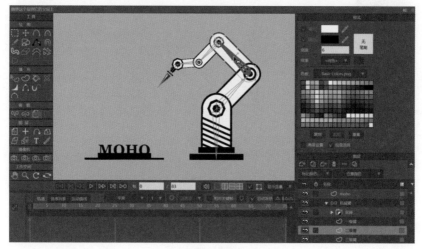

图5-56

（7）将"三级臂"图层绑定给机械臂子骨骼3，如图5-57所示。

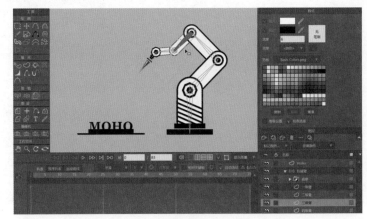

图5-57

（8）将"四级臂"图层绑定给机械臂子骨骼4，如图5-58所示。

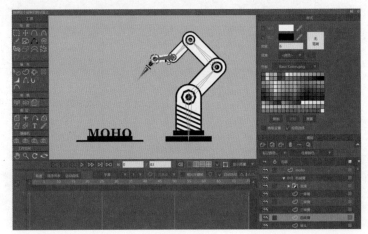

图5-58

（9）将"转头"图层绑定给机械臂子骨骼5，至此全部绑定完成，如图5-59所示。

智能机械手工
程文件

图5-59

（10）在骨骼层操纵机械臂骨骼，查看模型的运动动作，现在可以给机械臂创建各种状态了，如图5-60所示。

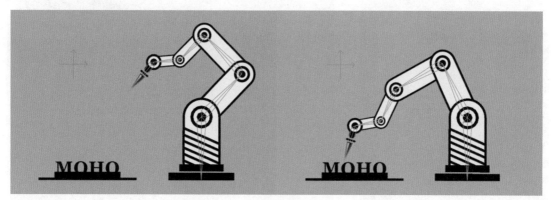

图5-60

5.2.5　农人（灵活柔性绑定）

本案例将一位扛着麻袋的农民（如图5-61所示），运用Moho的灵活柔性绑定功能进行绑定，创建一个位图骨骼模型。灵活柔性绑定是柔性绑定方式之一，它和柔性绑定大同小异，都是通过骨骼权重去影响骨骼周围的图像或图形，与柔性绑定不同的是，**灵活柔性绑定可以指定某个图层独立绑定给某根骨骼或多个骨骼，图层中的图形只受到绑定它的骨骼权重的影响。**通过对本案例学习可以快速地认识和掌握灵活柔性绑定的特性。

农人素材文件　　农人制作微视频

图5-61

（1）新建一个Moho工程文件，在0帧位置导入本案例psd文件，为每一个图层命名并归好类，如图5-62所示。

（2）创建骨骼：将"头部"层组转换为骨骼层，骨骼层命名为"农人"。再将"嘴巴""眼镜""眉毛"和"头"创建为"头部"群组图层，同时隐藏背景群组，如图5-63所示。

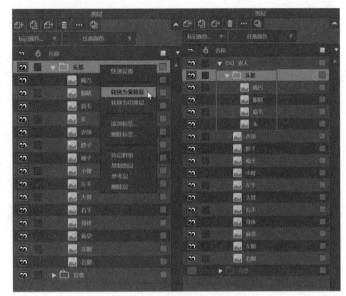

图5-62　　　　　　　　　　　　　图5-63

（3）使用增加骨骼工具给"农人"创建骨骼模型，并将骨骼父子关系调整好，如图5-64所示。

（4）设置骨骼权重：使用骨骼权重工具将每根骨骼的权重调整到合适的大小，如图5-65所示。

图5-64　　　　　　　　　　　　　图5-65

（5）骨骼绑定：选择捆绑层工具，将"头部"群组图层绑定到"头部"骨骼（层绑定），如图5-66所示。

图5-66

（6）选中"衣领"图层，使用选择骨骼工具，同时选择"脖子"和"身体"两根骨骼，接着在骨骼菜单栏选择"为灵活绑定使用选定的骨骼"命令（快捷键Ctrl+Shift+F），可以看到这两根骨骼呈红色且加粗状态，如图5-67所示。这样"衣领"图层就与"脖子"和"身体"两根骨骼绑定在一起，图层中的图形将只受到这两根骨骼的权重影响，这与"珠海渔女"案例中的柔性绑定不同，渔女案例中有权重的骨骼会影响骨骼图层下的所有图形。

图5-67

（7）使用同样的方法，将"脖子"图层绑定到"脖子"和"身体"骨骼，如图5-68所示。

图5-68

（8）将"袖子"图层使用捆绑层工具绑定到"大臂"骨骼，如图5-69所示。

图5-69

（9）使用"为灵活绑定使用选定的骨骼"命令将"小臂"图层绑定到"大臂""小臂"和"左手"骨骼，如图5-70所示。

图5-70

（10）使用"为灵活绑定使用选定的骨骼"命令将"左手"图层绑定到"小臂"和"左手"骨骼，如图5-71所示。

图5-71

（11）使用"为灵活绑定使用选定的骨骼"命令将"大臂"图层绑定到"大臂"和"小臂"骨骼，如图5-72所示。

图5-72

（12）选择捆绑层工具，将"右手"图层绑定到"右手"骨骼，如图5-73所示。

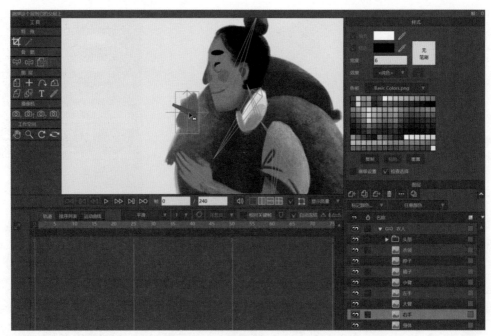

图5-73

（13）使用"为灵活绑定使用选定的骨骼"命令将"身体"图层绑定到"脖子""身体"和"大臂"等骨骼，如图5-74所示。

图5-74

（14）使用"为灵活绑定使用选定的骨骼"命令将"麻袋"图层绑定到"右手""右大臂"和"身体"骨骼，如图5-75所示。

图5-75

（15）最后使用捆绑层工具将"左腿"与"右腿"图层分别绑定到"左腿"与"右腿"骨骼，如图5-76所示。

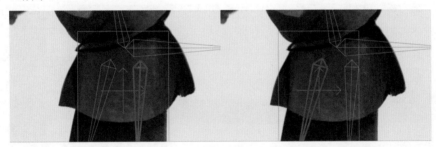

图5-76

（16）选择"农人"骨骼层，使用操纵骨骼工具控制"农人"骨骼模型，可以发现每根骨骼只控制那些被单独绑定到的图层，未绑定的图层不会因此而改变形态，这就是灵活柔性绑定，如图5-77所示。

图5-77

农人工程文件

当完成灵活柔性绑定后，操纵骨骼发现仍有一部分图层不受控制时，请检查不受控制的图层是否进行正确的绑定。

5.2.6 采访手（节点绑定）

采访手素材文件　采访手制作微视频

本案例通过一只正在采访中的手臂（如图5-78所示），运用Moho的节点绑定功能进行绑定，创建一个矢量图骨骼模型。节点绑定是Moho模型的绑定方式之一，它是**通过骨骼与矢量图形的节点绑定，再利用骨骼的旋转、移动、缩放等方式去影响节点的位置**，在所有的绑定方式中，节点绑定是Moho骨骼模型中最为精细的。通过对本案例学习可以快速地认识和掌握节点绑定的特性。

图5-78

（1）打开本案例的Moho工程文件，图层分层排序如图5-79所示。

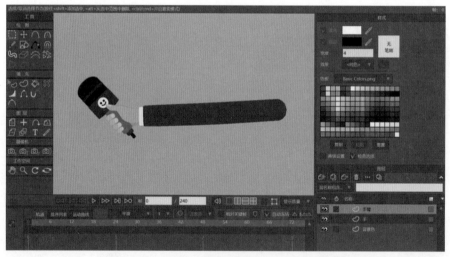

图5-79

（2）创建骨骼：将"手臂"和"手"图层创建在一个层组，并转换为骨骼层，如图5-80所示。

图5-80

（3）根据手臂的造型，建立骨骼模型，调整好骨骼父子关系，如图5-81所示，并将所有骨骼的权重调整为0。

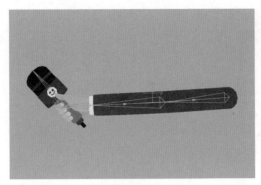

图5-81

（4）节点绑定骨骼：选中"手臂"图层，选择"捆绑节点"工具，按住Alt键单击"大臂"骨骼，此时"大臂"骨骼呈现红色样式，表明"大臂"骨骼已被选中，如图5-82所示。

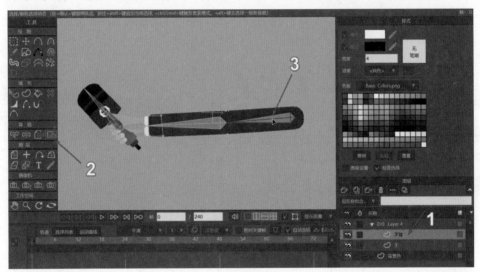

图5-82

（5）松开Alt键，选择"大臂"根部的三个节点，如图5-83所示。此时"大臂"骨骼和"大臂"根部的三个节点同时处于选中状态。

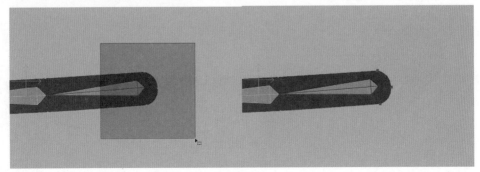

图5-83

（6）单击工具栏属性中的"捆绑节点"选项或者按Enter键，将选中的骨骼与选中的节点绑定起来，如图5-84所示。

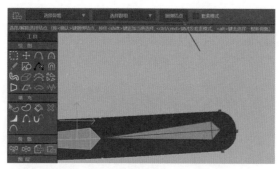

图5-84

（7）绑定完成后，单击画布空白处，可以看到节点的颜色会与骨骼的颜色归为同色系显示，如图5-85所示。

只有选择"捆绑节点"选项才能看到哪些节点被哪些骨骼所绑定。

（8）使用同样的方式，将"小臂"骨骼与"小臂"图形节点进行绑定，如图5-86所示。

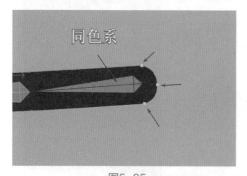

图5-85

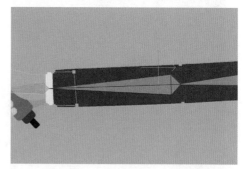

图5-86

一个节点只能被一根骨骼绑定，当一个节点已经被A骨骼绑定，如果再将它绑定给B骨骼时，该节点不再受A骨骼控制。

（9）选择"手"图层，使用节点绑定的方式，将"手"的矢量图节点绑定给"手"骨骼，将"话筒"的矢量图节点绑定给"话筒"骨骼，如图5-87所示。

（10）至此绑定完成，如图5-88所示，使用操纵骨骼工具对采访手模型进行测试，查看绑定效果。

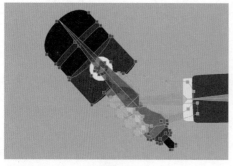

图5-87

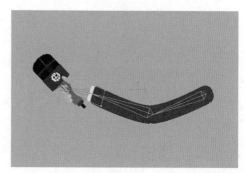

图5-88

某些时候通过节点绑定的模型在一些大幅度运动的过程中会有穿帮，这是因为初始绑定后，节点移动过程的曲率发生相互影响。可以使用"智能骨骼修正"等方式修正，这在后续案例中会介绍。

采访手工程文件

5.3 智能骨骼设置

智能骨骼是Moho骨骼最具有特色的功能，通过设置智能骨骼，不但可以修正骨骼运动过程中产生的不合理或者穿帮现象，还可以针对模型的各个部位设定专属的控制器，将模型各个部位的运动动画预设在智能骨骼控制器之中，在后续制作动画的过程中只需要操作控制器即可调出预设好的动画效果，大大提升了动画制作的效率。

5.3.1 采访手（骨骼运动修正）

本案例使用绑定好的"采访手"骨骼模型，通过设置智能骨骼，修正骨骼运动过程中出现的穿帮情况（如图5-89所示），通过对本案例学习可以快速地认识和掌握智能骨骼的设置。

采访手动画效 采访手素材文件 采访手动画制
果视频 作微视频

图5-89

（1）打开本案例的"采访手"Moho骨骼模型文件，使用选择骨骼工具选中"小臂"骨骼，工具属性栏中显示的"B2"为此骨骼名字，如图5-90所示。

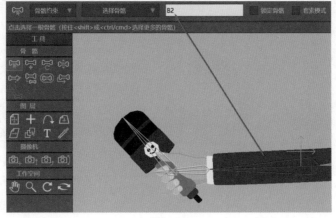

图5-90

（2）手臂上弯修正：单击"动作"面板中的"新建动作"按钮，在弹出的对话框中可以看到Moho默认识别了选中骨骼的名称，如图5-91所示，单击"确认"按钮。

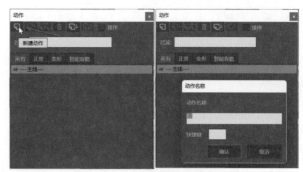

如果没有看到"动作"面板，可以在"窗口"菜单选择"动作栏"命令调出。

（3）可以看到"动作"面板新增加了一个名为"B2"的动作，"时间轴"面板呈现

图5-91

蓝色，时间轴在第1帧，这说明此时Moho已经进入了"B2"骨骼的智能骨骼设置状态，如图5-92所示。

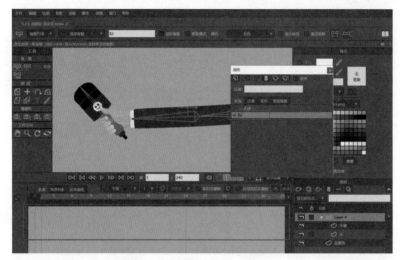

图5-92

（4）使用转换骨骼工具，将"B2"骨骼朝上方旋转，如图5-93所示，Moho会将此时的"B2"骨骼形态通过时间轴的关键帧记录在"B2"动作内。

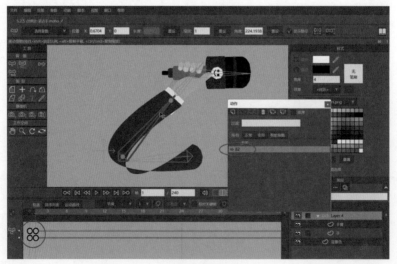

图5-93

（5）选中"手臂"图层，使用操控节点工具和曲率工具，将手臂图形调整为合适的状态，如图5-94所示。注意也是在时间轴的第1帧操作。

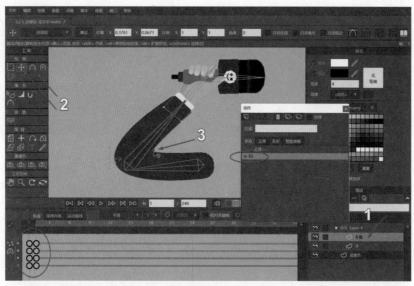

图5-94

（6）调整完成后在"动作"面板双击"主线"，退出"B2"的智能骨骼设置状态，可以发现"时间轴"面板恢复成正常状态，如图5-95所示。

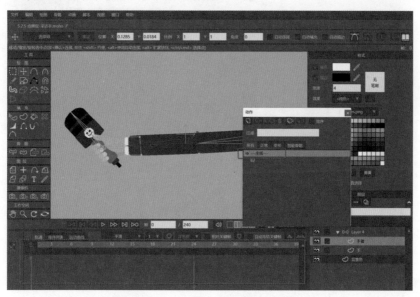

图5-95

（7）此时再使用操纵骨骼工具，控制"B2"骨骼朝上旋转，可以发现手臂的节点已经被修正，如图5-96所示。至此，完成了手臂向上旋转时的骨骼运动修正，但是向下弯曲还是有穿帮现象，下面继续设置修正。

（8）手臂下弯修正：选择骨骼图层，再次选择"B2"骨骼，单击"动作"面板中的"新建动作"按钮，可以看到新动作名称被Moho自动识别为"B2 2"（如图5-97所示），直接单击"确认"按钮。

图5-96 图5-97

一定要在骨骼图层与骨骼本身都选中的情况下新建智能骨骼动作，如果没有选中骨骼而新建动作的话，这个动作与需要的修正将没有关联。一根骨骼最多设置两个智能骨骼动作。

（9）使用同样的方法，将"B2"骨骼朝下旋转，手臂图形调整至合适的状态（如图5-98所示），然后双击"动作"面板的"主线"，退出"B2 2"动作的设置状态。

图5-98

（10）话筒骨骼与手的修正：选中"B4"骨骼，在"动作"面板新建"B4"动作，如图5-99所示。

（11）将"B4"骨骼朝下旋转，调整到合适的角度，如图5-100所示。

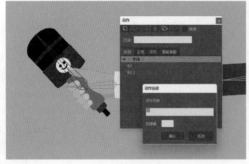

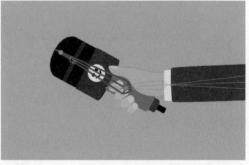

图5-99 图5-100

（12）选中"手"图层，将"手"的节点调整到合适位置，使手指与话筒贴合，如图5-101所示。双击"动作"面板的"主线"，退出"B4"动作的设置状态，至此完成"采访手"的智能骨骼修正。可以尝试给它制作一个简单的动画。

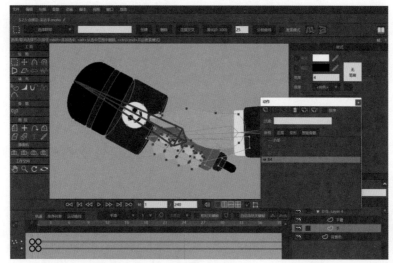

采访手动画工
程文件

图5-101

5.3.2 粗壮手臂（骨骼运动修正）

本案例将"粗壮手臂"的矢量图（如图5-102所示）创建骨骼模型，通过设置智能骨骼，修正骨骼运动过程中出现的穿帮，并且在修正过程中增加其他的特殊变化，通过对本案例学习可以快速地认识和掌握智能骨骼变形动作的拓展设置。

粗壮手臂动画　　粗壮手臂素材　　粗壮手臂制作
效果视频　　　　文件　　　　　　微视频

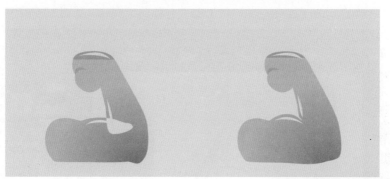

图5-102

（1）创建骨骼：打开本案例的Moho素材工程文件，创建一个骨骼层，将"手臂"层放置在骨骼层中，如图5-103所示。

（2）使用增加骨骼工具根据"手臂"的结构新建骨骼，如图5-104所示。

（3）骨骼绑定：使用节点绑定的方式对"手臂"进行绑定，绑定节点分布如图5-105所示。

图5-103

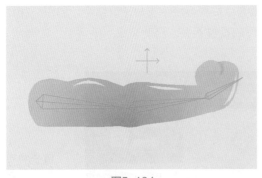

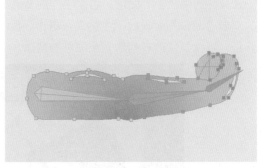

图5-104

图5-105

（4）骨骼运动修正：选择"B2"骨骼，在"动作"面板中单击"新建动作"按钮，新建
"B2"动作，如图5-106所示，单击"确认"按钮。

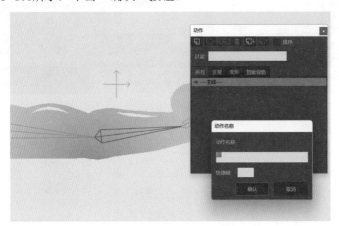

图5-106

（5）在"时间轴"面板选择第48帧，将"B2"骨骼向上旋转，如图5-107所示。

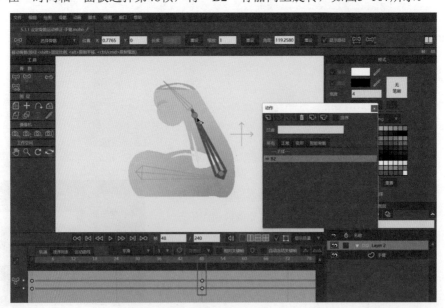

图5-107

（6）选中"手臂"图层，同样在第48帧，使用操控节点工具和曲率工具将"手臂"图形调整至合适状态，将手臂的肱二头肌凸出一些，如图5-108所示。

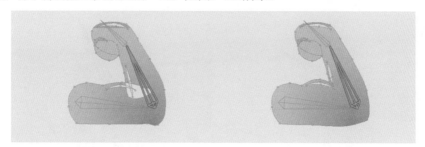

图5-108

由于上一步骤记录骨骼旋转信息的最末端关键帧是第48帧，因此在记录别的操作信息时不应超过48帧，否则超出48帧外的信息将不会在主线上呈现出来，因为智能骨骼只反映在智能骨骼旋转的帧数范围内的其他变化信息。

（7）在"时间轴"面板选择第24帧，适当调节"小臂"肌肉的起伏，使它看上去更合理，如图5-109所示。

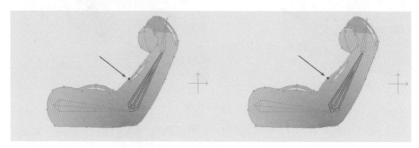

图5-109

当智能骨骼变化的总时长大于1帧时，可以根据需要，在0帧与结束帧之间的任意帧调整变化，这些变化都会被记录在智能骨骼中。

（8）根据需要将手臂的变化调整到理想状态，完成后双击"主线"退出"B2"智能骨骼设置状态，然后为"B3"骨骼新建智能骨骼动作，如图5-110所示。

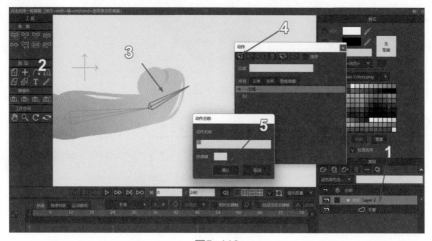

图5-110

（9）在时间轴选择第1帧，将"B3"骨骼朝上适当旋转，如图5-111所示。

图5-111

（10）选中"手臂"图层，使用操控节点工具和曲率工具对"手"进行适当的调整如图5-112所示，随后双击"主线"退出"B3"智能骨骼设置状态。

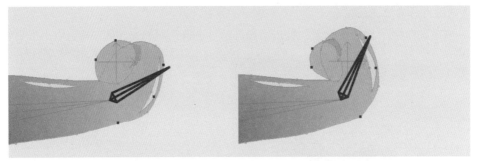

图5-112

（11）至此完成"手臂"的智能骨骼修正，使用操纵骨骼工具进行测试，如图5-113所示。

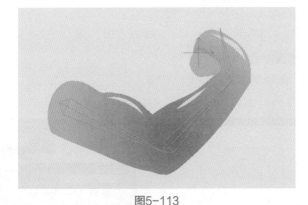

粗壮手臂制作
工程文件

图5-113

5.3.3 小鸟转面控制器（智能骨骼控制器）

小鸟转面素材
文件

小鸟转面控制
器制作微视频

本案例利用一个绑定好的"小鸟"角色（如图5-114所示）骨骼模型，使用智能骨骼制作"小鸟"转面的控制器，使控制器能够控制角色向左转3/4面和向右转3/4面。通过对本案例学习可以快速地认识和掌握角色转面控制器的制作方法。

图5-114

（1）创建智能骨骼控制器：打开"小鸟"Moho骨骼模型素材文件，在0帧选中"小鸟"骨骼图层，按住Shift键，使用增加骨骼工具拖动鼠标新建一根骨骼，如图5-115所示，将权重调整为0。

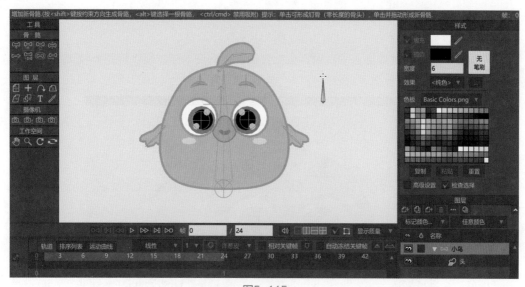

图5-115

（2）使用选择骨骼工具，单击骨骼，将工具属性栏骨骼名字修改为"转面"，按Enter键确认，如图5-116所示。

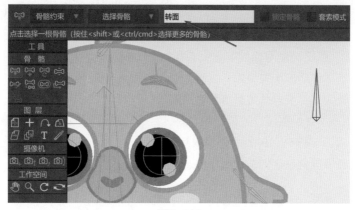

图5-116

（3）设置向左转3/4面动作控制：在"动作"面板中单击"新建动作"按钮，再单击"确认"按钮，新建一个"转面"动作，如图5-117所示。

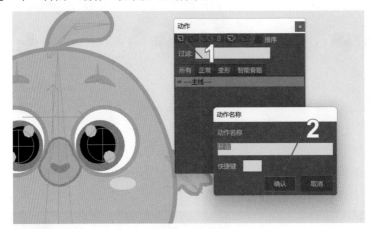

图5-117

（4）新建动作后会自动进入"转面"智能骨骼设置状态，在时间轴的第96帧位置，按住Shift键，拖动鼠标向左旋转"转面"骨骼至45°，如图5-118所示。

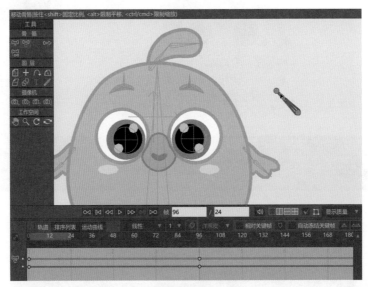

图5-118

（5）选中"头"图层，使用操控节点工具和曲率工具，将节点调整至如图5-119所示的3/4面状态。注意不要勾选"自动冻结关键帧"复选框，同时眼珠、头发、翅膀和眉毛不要调整。

　　调整节点的时候需要将当前时间轴保持在第96帧。

（6）选中"小鸟"骨骼图层，使用转换骨骼工具将"眼睛""头发""翅膀"和"眉毛"骨骼移动到合适的位置，如图5-120所示。此时两个翅膀在身后，也需要根据角色转向3/4时的状态调整它们的位置，随后再调整它们的图形顺序。

图5-119

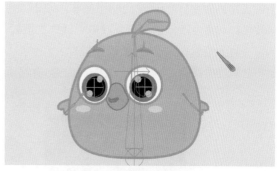

图5-120

　　在制作转面智能骨骼控制器的过程中，如角色的某个部位是被骨骼单独绑定的，应当优先调整骨骼来控制它的位置变化，而不是调整节点来移位。

　　（7）设置图形次序变化：双击"头"图层打开"层设置"面板，选择"矢量"选项卡，勾选"同层图形顺序动画"复选框，然后单击"确认"按钮，如图5-121所示。开启同层的图形顺序动画功能。

　　（8）在时间轴第24帧，使用"选择图形"工具选中"右翅膀"图形，如图5-122所示。

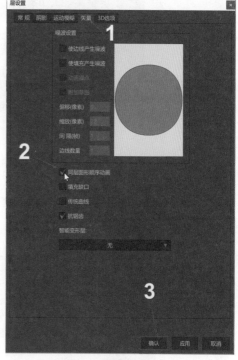

图5-121

图5-122

　　（9）按Shift+向上方向键，将"右翅膀"图形顺序调到最上层，如图5-123所示。

图5-123

（10）向左转3/4面至此制作完毕，双击"主线"回到主线状态，操纵"转面"控制器查看转面效果。如果发现问题，可以双击"动作"面板中的"转面动作"编辑修改。

（11）**设置向右转3/4面动作控制**：在0帧选中"转面"骨骼，单击"新建动作"按钮，此时动作名称会自动命名为"转面 2"，如图5-124所示，单击"确认"按钮。

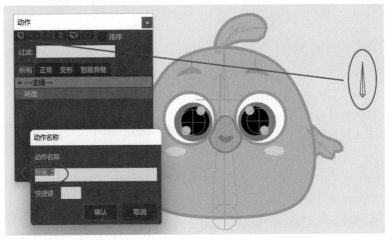

图5-124

（12）在时间轴第96帧，按住Shift键，拖动鼠标向右旋转"转面"骨骼至45°，如图5-125所示。

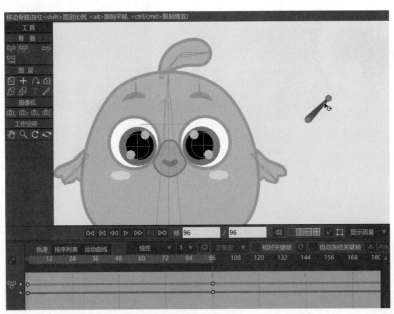

图5-125

（13）使用与制作左转面同样的方法制作右转面，将角色调整至如图5-126所示状态。

（14）在时间轴第24帧使用选择图形工具选择"左翅膀"，按Shift+向上方向键，将"左翅膀"图形顺序调到最上层，如图5-127所示，右转面智能骨骼控制器设置完毕。

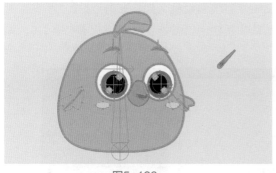

图5-126

图5-127

（15）回到主线状态，测试控制器控制角色转面的效果，发现问题及时返回修正。

（16）设置骨骼角度约束：选择"转面"骨骼，单击工具属性栏中的"骨骼约束"选项，勾选"角度约束"复选框，将"最小/最大（角度）"设置为"-45""45"，如图5-128所示。完成小鸟转面控制器的制作。

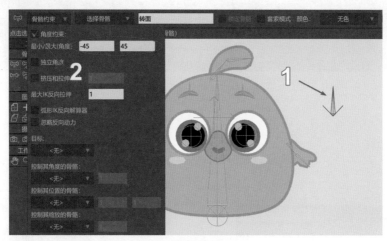

小鸟转面控制器
制作工程文件

图5-128

5.3.4 小鸟眨眼控制器（智能骨骼控制器）

本案例对"小鸟"角色骨骼模型，使用智能骨骼给"小鸟"制作一个眨眼控制器，使控制器能够控制角色的眼皮进行下闭眼和上闭眼（如图5-129所示）的动作。通过对本案例学习可以快速地认识和掌握角色眨眼智能骨骼的设置。

小鸟骨骼模型
素材文件

小鸟眨眼控制
器制作微视频

图5-129

（1）创建智能骨骼控制器：打开"小鸟"Moho骨骼模型素材文件，在0帧选中"小鸟"骨骼图层，按住Shift键，使用新建骨骼工具向上拖动鼠标新建一根骨骼，并且将权重调整为0，如图5-130所示。

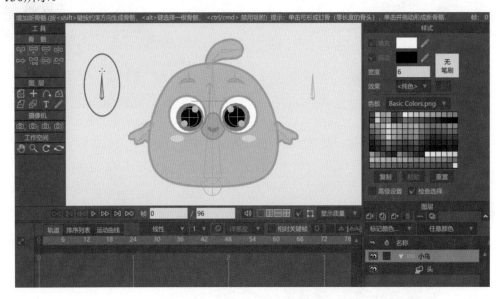

图5-130

（2）使用选择骨骼工具，单击骨骼，在工具属性栏将骨骼名字修改为"眨眼"，按Enter键确认，如图5-131所示。

（3）在"动作"面板中单击"新建动作"按钮，再单击"确认"按钮新建"眨眼"动作，如图5-132所示。

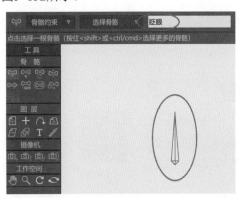

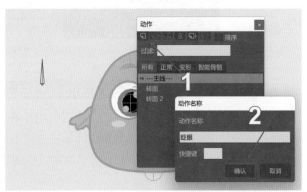

图5-131   图5-132

（4）设置下闭眼动作控制：新建动作后会自动进入智能骨骼设置状态，在时间轴上选择第48帧，按住Shift键，拖动鼠标向左旋转"眨眼"骨骼至45°，如图5-133所示。

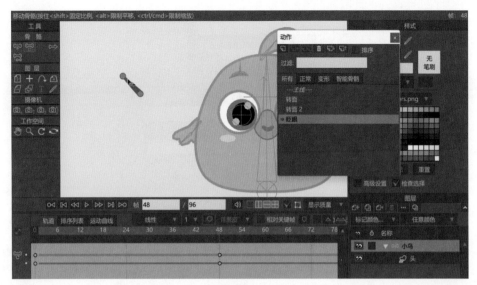

图5-133

（5）选中"头"图层，使用操控节点工具和曲率工具，将"眼眶"的节点调整至如图5-134所示下闭眼状态。

图5-134

（6）在时间轴选择第24帧，继续使用操控节点工具和曲率工具，将"眼眶"的节点调整至如图5-135所示。

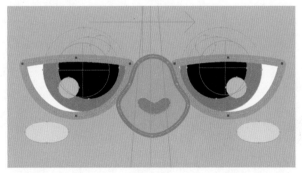

图5-135

（7）双击"动作"面板的主线回到主线状态，下闭眼控制器动作设置完毕，测试控制器效果。

（8）设置上闭眼动作控制：在0帧选中"眨眼"骨骼，单击"新建动作"按钮，此时动作名称会自动命名为"眨眼2"，单击"确认"按钮，如图5-136所示。

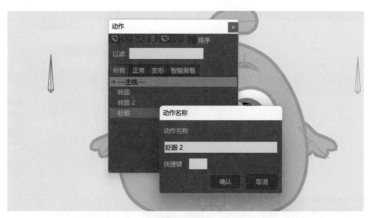

图5-136

（9）"眨眼 2"智能骨骼动作建立完毕后，在时间轴第48帧，按住Shift键，拖动鼠标向右旋转"眨眼"骨骼至45°，如图5-137所示。

图5-137

（10）在图层面板选中"头"图层，使用操控节点工具和曲率工具，将"眼眶"的节点调整至如图5-138所示上闭眼状态。

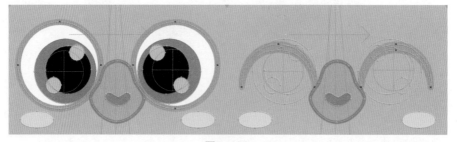

图5-138

（11）双击"动作"面板的主线回到主线状态，测试控制器控制下闭眼和上闭眼动作的效果。

（12）设置骨骼约束：选择"眨眼"骨骼，单击工具属性栏中的"骨骼约束"，勾选"角度约束"复选框，将"最小/最大（角度）"设置为"-45""45"，如图5-139所示。完成小鸟眨眼控制器的制作。

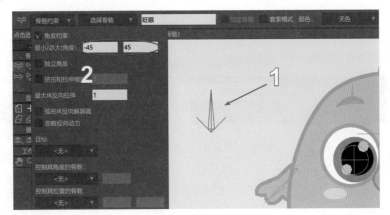

小鸟眨眼控制
器工程文件

图5-139

5.3.5 小鸟眼珠位置控制器（智能骨骼控制器）

本案例对"小鸟"角色骨骼模型，使用智能骨骼给角色模型制作一个眼珠控制器，使控制器能够控制角色眼珠上下左右移动（如图5-140所示）。通过对本案例学习可以快速地认识和掌握角色眼珠控制器的制作。

小鸟骨骼模型   小鸟眼珠位置控
素材文件   制器制作微视频

图5-140

（1）创建智能骨骼控制器：打开"小鸟"Moho骨骼模型素材文件，在0帧选中"小鸟"骨骼图层，使用"新建骨骼"工具拖动鼠标新建一根骨骼，并且将权重调整为0，如图5-141所示。

图5-141

（2）使用选择骨骼工具，单击骨骼，在工具属性栏将骨骼名字修改为"眼睛左右"，按Enter键确认，如图5-142所示。

（3）设置眼珠向左移动控制：在"动作"面板中单击"新建动作"按钮，再单击"确认"按钮新建"眼睛左右"动作，如图5-143所示。

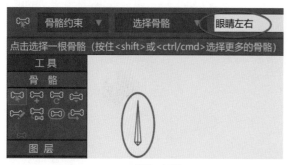

图5-142

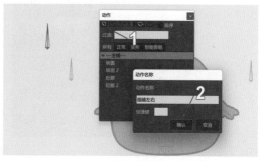

图5-143

（4）新建动作后会自动进入智能骨骼设置状态，在时间轴上选择第1帧，按住Shift键，拖动鼠标向左旋转"眼睛左右"骨骼至45°，如图5-144所示。

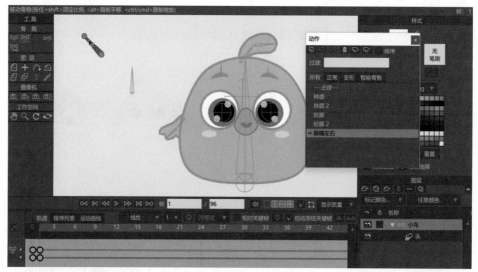

图5-144

（5）选择两只"眼睛"骨骼，使用操纵骨骼工具，将"眼睛"拖动到左边，如图5-145所示。

图5-145

（6）双击"动作"面板的主线回到主线状态，测试控制效果。

（7）设置眼珠向右移动控制：在0帧选中"眼睛左右"骨骼，单击"新建动作"按钮，此时动作名称会自动命名为"眼睛左右2"，单击"确认"按钮，如图5-146所示。

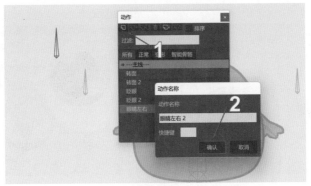

图5-146

（8）在时间轴第1帧，按住Shift键，拖动鼠标向右旋转"眼睛左右"骨骼至45°，如图5-147所示。

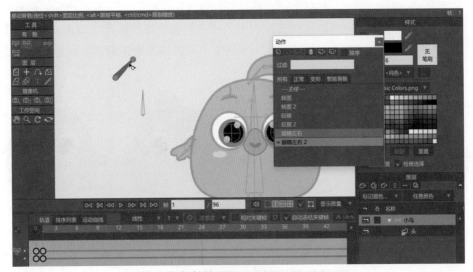

图5-147

（9）选择两只"眼睛"骨骼，使用操纵骨骼工具，将"眼睛"拖动到右边，如图5-148所示。

图5-148

（10）双击"动作"面板的主线回到主线状态，新建一根名为"眼睛上下"的骨骼，使用上述的方法制作控制眼睛上下移动的智能骨骼，效果如图5-149所示。完成小鸟眼珠位置控制器的制作。

图5-149

5.3.6　小鸟口型切换控制器（智能骨骼控制器）

本案例对"小鸟"角色骨骼模型，使用智能骨骼给角色模型制作一个口型切换控制器，使控制器能够控制角色口型变化（如图5-150所示）。通过对本案例学习可以快速地认识和掌握角色口型切换控制器的制作。

图5-150

（1）打开"小鸟"Moho骨骼模型素材文件，在图层面板新建一个矢量图层，命名为"口型1"，如图5-151所示。

图5-151

（2）选中"头"矢量图层，使用选择节点工具框选"嘴巴"的节点，使用快捷键Ctrl+X剪切节点，再选择"口型1"矢量图层，使用快捷键Ctrl+V粘贴，如图5-152所示。

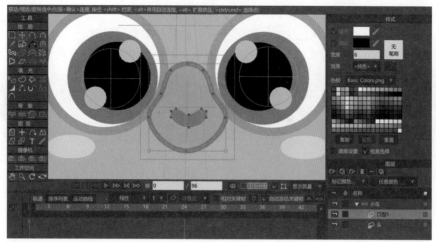

图5-152

将一个矢量图层里的节点剪切到另一个图层时，节点会保留之前创建的属性信息。不需要担心之前制作的智能骨骼控制器出错，因为每个节点都有独立的内部ID，当节点被智能骨骼记录后，即使矢量图的结构被拆分，也不会影响到已经制作好的智能骨骼，只要被绑定的节点存在于这个工程文件，智能骨骼就还能控制它。

（3）创建切换层：右击"口型1"矢量图层选择"选层群组"进行打组，并将组名改为"口型"，右击"口型"群组图层，将群组转换为切换层，如图5-153所示。

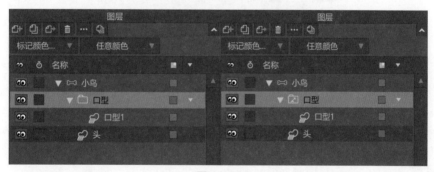

图5-153

（4）制作不同的口型层：选择"口型1"矢量图层，单击图层面板中的"复制图层"按钮，并将复制出来的矢量图层命名为"口型2"，如图5-154所示。

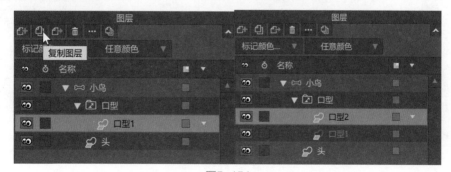

图5-154

（5）选中"口型2"矢量图层，将口型调整至如图5-155所示状态。

（6）选中"口型2"矢量图层，单击图层面板中的"复制图层"按钮，并将复制出来的矢量图层名为"口型3"，使用操控节点工具和曲率工具，将口型调整至如图5-156所示状态。

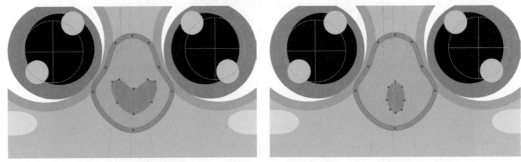

图5-155　　　　　　　　　　　　　　　　图5-156

（7）选中"口型3"矢量图层，单击图层面板中的"复制图层"按钮，并将复制出来的矢量图层命名为"口型4"，使用操控节点工具和曲率工具，将口型调整至如图5-157所示状态。

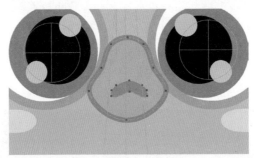

图5-157

（8）创建控制器：在0帧选中"小鸟"骨骼图层，新建一根骨骼，并且将权重调整为0，如图5-158所示。

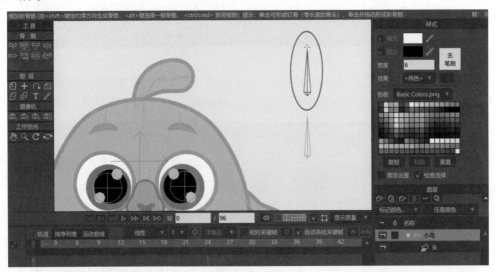

图5-158

（9）使用选择骨骼工具，单击骨骼，在工具属性栏将骨骼名字修改为"口型"，按Enter键确认，如图5-159所示。

（10）在"动作"面板中单击"新建动作"按钮，再单击"确认"按钮新建"口型"动作，如图5-160所示。

図5-159　　　　　　　　　　　　　　　　図5-160

（11）设置口型切换动作：新建动作后会自动进入智能骨骼设置状态，在时间轴上选择第4帧，按住Shift键，拖动鼠标向左旋转"口型"骨骼至45°，如图5-161所示。

图5-161

📄　一般情况下，为了方便整理和控制模型，预设口型的数量等于口型智能骨骼的时长（帧）。如本案例角色口型共4个，因此骨骼旋转帧数应设置为4帧。

（12）在时间轴选择第1帧，右击"口型"切换层，在弹出的快捷菜单中选择"口型1"，将口型的状态记录在时间轴中，如图5-162所示。

图5-162

（13）分别在第2帧、第3帧和第4帧，将"口型2""口型3"和"口型4"记录在时间轴中，如图5-163所示。

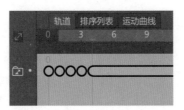

图5-163

（14）双击"动作"面板的主线回到主线状态，测试查看控制器的切换效果。

（15）设置骨骼角度约束：选择"口型"骨骼，单击工具属性栏中的"骨骼约束"，勾选"角度约束"复选框，将"最小/最大（角度）"设置为"0""45"，口型切换智能骨骼控制器设置完毕，如图5-164所示。完成小鸟口型切换控制器的制作。

小鸟口型切换控制
器制作工程文件

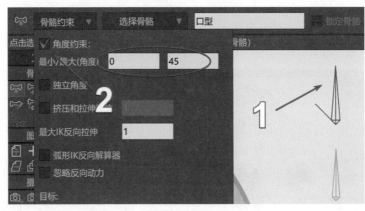

图5-164

5.3.7 小鸟结构伸缩控制器（智能骨骼控制器）

小鸟骨骼模型
素材文件

小鸟结构伸缩控
制器制作微视频

本案例对"小鸟"角色骨骼模型，使用智能骨骼给角色模型制作一个结构伸缩控制器，使控制器能够控制角色身体合理地压缩和拉伸（如图5-165所示）。通过对本案例学习可以快速地认识和掌握角色压缩拉伸形体的智能骨骼设置。

图5-165

（1）创建智能骨骼控制器：打开"小鸟"Moho骨骼模型素材文件，在0帧选中"小鸟"骨骼图层，使用新建骨骼工具新建一根骨骼，并且将权重调整为0，如图5-166所示。

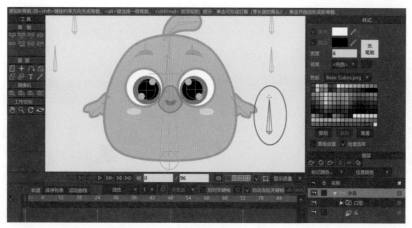

图5-166

（2）使用选择骨骼工具，单击骨骼，在工具属性栏将骨骼名字修改为"压缩拉伸"，按Enter键确认，如图5-167所示。

（3）在"动作"面板中单击"新建动作"按钮，再单击"确认"按钮新建"压缩拉伸"动作，如图5-168所示。

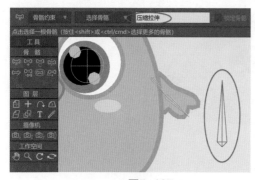

图5-167

图5-168

（4）设置结构压缩动作：新建动作后会自动进入智能骨骼设置状态，在时间轴上选择第96帧，按住Shift键，拖动鼠标向左旋转"压缩拉伸"骨骼至45°，如图5-169所示。

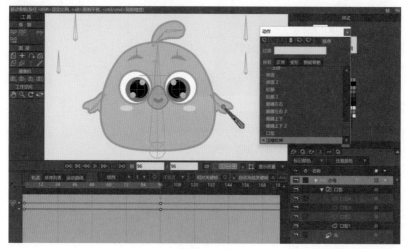

图5-169

（5）使用"操纵骨骼"工具，对控制角色身体的骨骼压缩至合适的高度，如图5-170所示。

（6）在图层面板选择"头"矢量图层，结合使用操纵节点工具和曲率工具，将角色的身体、眼眶和眼珠调整至合适的压缩状态，如图5-171所示。

图5-170

图5-171

（7）选择"小鸟"骨骼图层，将"双手"的骨骼向外移动一些，使它们看上去被挤出来了一点，如图5-172所示。

图5-172

（8）双击"动作"面板的主线回到主线状态，测试压缩控制效果。

（9）设置结构拉伸动作：在0帧选中"压缩拉伸"骨骼，单击"新建动作"按钮，此时动作名称会自动命名为"压缩拉伸2"，单击"确认"按钮，如图5-173所示。

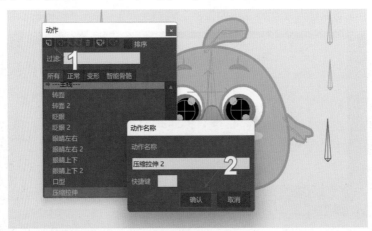
图5-173

（10）"压缩拉伸 2"智能骨骼动作建立完成之后，在时间轴第96帧，按住Shift键，拖动鼠标向右旋转"压缩拉伸"骨骼至45°，如图5-174所示。

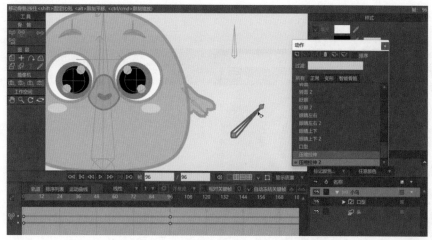

图5-174

（11）接着使用操纵骨骼工具，对控制角色身体的骨骼拉伸至合适的高度，如图5-175所示。

（12）选中"头"图层，结合使用操纵节点工具和曲率工具，将角色的身体、眼眶和眼珠调整至合适的拉伸状态，如图5-176所示。

图5-175

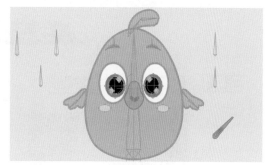

图5-176

（13）选择"小鸟"骨骼图层，将"双手"的骨骼向内移动，使它们看上去被缩进了身体一点，调整至如图5-177所示状态。

图5-177

（14）双击"动作"面板的主线回到主线状态，测试控制器控制角色结构压缩和拉伸的效果。

（15）设置骨骼约束：选中"压缩拉伸"骨骼，单击工具属性栏中的"骨骼约束"，勾选"角度约束"复选框，将"最小/最大（角度）"设置为"-45""45"，压缩拉伸智能骨骼设置完毕，如图5-178所示。完成小鸟结构伸缩控制器的制作。

小鸟结构伸缩控制器制作工程文件

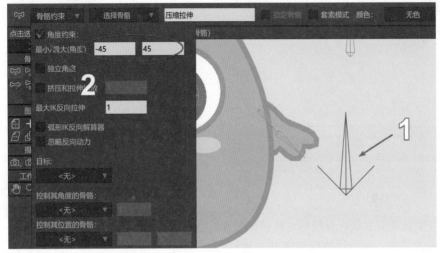

图5-178

5.4 学习资源

5.4.1 骨骼工具详解微视频

 增加骨骼工具

 选择骨骼工具

 转换骨骼工具

 操纵骨骼工具

 重设骨骼父子关系

 画骨骼的草图工具

 骨骼权重工具

 装配骨骼工具

 骨骼物理模拟工具

5.4.2　骨骼绑定详解微视频

柔性绑定　　　　　　区域绑定　　　　　　层绑定　　　　　　节点绑定

灵活柔性绑定　　　　点骨骼绑定　　　　　取消绑定　　　　绑定的优先级

5.4.3　骨骼约束详解微视频

角度约束　　　　　　挤压和拉伸　　　　　目标骨骼　　　　控制角度的骨骼

控制位置与缩放的骨骼　　　骨骼动力学

5.5　实用小技巧

（1）当一个图层中的节点较多导致干扰操作时，可以先选中需要控制的所有节点，按快捷键Ctrl+I进行反向选择，再单击菜单栏中的"绘图"菜单，选择"隐藏选中节点"，这样画面中的元素会干净清爽，方便操作，从而提高制作效率。当节点调整完成之后，再单击菜单栏中的"绘图"菜单，选择"显示所有节点"。

（2）在调整节点的曲率时，可以先选择操控节点工具，勾选工具属性栏中的"显示贝塞尔手柄"复选框，再激活其右边的"固定贝塞尔手柄"，这样在调整节点曲率时可以控制其他节点不受影响。

（3）在绘制矢量图时，可以使用"选择节点"工具将不同的结构部位单独框选出来，在工具属性栏中为框选到的节点创建命名，创建完毕之后，只需要选择"选择节点"工具属性栏中的"选择群组"列表框，即可选择节点的群组，这样后续的绑定节点环节可以非常高效地选中需要的节点。

（4）针对对称的骨骼模型结构，在绘制或创建模型时可以灵活改变它们的坐标，以达到镜像的效果。

5.6　常见问题

1. 操控智能骨骼控制器时，某些节点或骨骼出现一些异常的运动，怎么办？

解决方法：

（1）优先排除骨骼控制器之间是否存在父子关系。

（2）选择异常的节点或者骨骼，在动作面板双击智能骨骼名称，进入智能骨骼设定状态，检查时间轴是否记录了本不该记录的关键帧，将不该记录的关键帧删除。

2. 操控智能骨骼控制器时，明明已经将控制器调整到极限，但骨骼模型的变化并没有到预设的极限状态，怎么办？

解决方法：

（1）优先排除骨骼角度约束的可能性。

（2）在"动作"面板中双击出现问题的智能骨骼名称，进入智能骨骼设定状态，查看智能骨骼控制器的旋转关键帧范围是否和预设动画的帧范围一致。

3. 在动作面板只能创建动作而无法创建智能骨骼，如何解决？

解决方法：在图层面板选择骨骼图层，使用选择骨骼工具选择即将要创建智能骨骼的骨骼，单击动作面板的"新建动作"按钮即可。

4. 在控制角色制作动作时，创建了目标骨骼的关节发生不可控的反向跳动，是怎么回事？如何解决？比如腿部的关节。

解决办法：那是因为在设置骨骼时大腿、小腿等骨骼完全垂直，Moho无法判断需要向哪个方向弯曲。碰到这个问题时，可以使用转换骨骼工具旋转一下小腿，给它确定一个旋转方向即可解决。

5. 选中某个图层时，工具栏面板无法找到任何绑定的工具，怎么办？

解决办法：

（1）查看该图层是否没有处于骨骼层之下，只有处于骨骼层内的图层才可以进行绑定操作。

（2）查看骨骼图层是否还没有创建骨骼，如果没有创建骨骼，那么无法进行绑定操作。

（3）查看该图层是否处于某个子层组内，且这个子层组是不是进行了层绑定。如果子层组进行了层绑定，那么该层组中的所有图层都不能进行其他的绑定操作，工具栏也不会显示绑定工具。

第 **6** 章 | 角色模型动画综合案例

Moho中的角色模型和3D模型概念有所区别，这里的模型是指**包含角色图形和控制图形的骨骼及相关控制器组合而成的、可重复使用的Moho数字资源**。利用模型制作动画可以提高制作效率，也利于保持角色造型的统一性。角色模型可以在实际项目制作过程中根据需要不断完善，优秀的模型可以帮助动画师快速地制作动画，并具有灵活的可拓展性。

本章将以卡通角色"香凡"作为案例，综合运用Moho相关知识，全流程实践角色绘制、骨骼设置、创建控制器和动画制作。

6.1 角色绘制

该案例的设计图素材

6.1.1 导入设计图

（1）打开Moho软件，新建一个工程，单击"文件"菜单，在弹出的菜单项中选择"工程设置"命令，检查工程设置，将"宽度"设为"1920"，"高度"设为"1080"，"帧率"设为"25"，如图6-1所示。

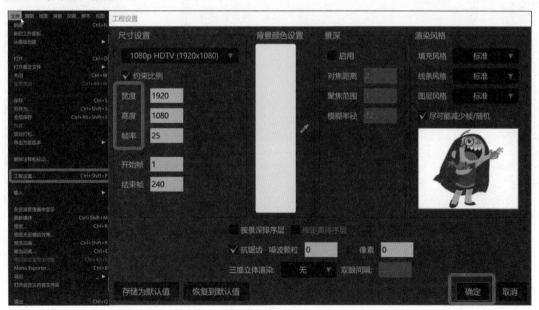

图6-1

（2）在图层面板中单击"新建层"按钮，在弹出的菜单项中选择"图像"命令，在弹出的对话框中找到香凡转面设计图，单击"打开"按钮，如图6-2所示。

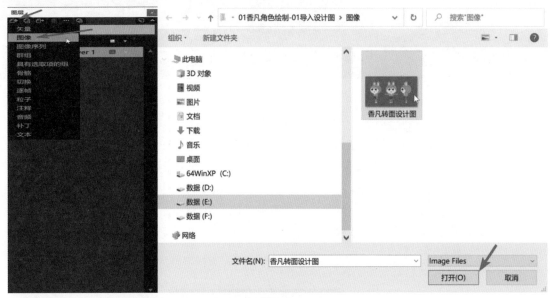

图6-2

（3）设计图导入至工程中，如图6-3所示。

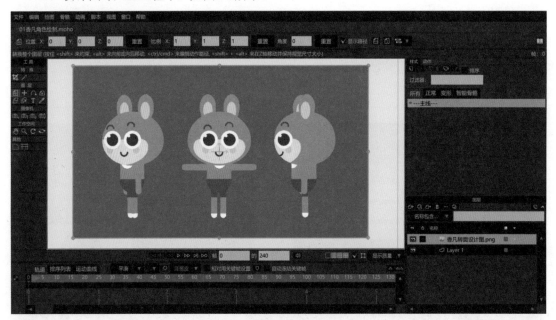

图6-3

设计图导入工程操作微视频

（4）双击"香凡转面设计图"图层，在"层设置"中将"不透明度"值设为"30"，单击"确定"按钮，如图6-4所示。

将设计图设为半透明显示方便后续的绘制。

图6-4

6.1.2　绘制路径

Moho图形由路径创建而成，在Moho中绘制矢量图形一般先绘制图形路径，路径绘制必须在0帧进行。

（1）新建矢量图层，根据香凡转面设计图分别绘制角色各部位路径，并对图层命名，方便后续制作识别。眉毛路径绘制如图6-5所示。香凡转面设计图中眉毛为较粗的线条，用线段创建即可。

图6-5

（2）嘴巴绘制与眉毛类似，路径绘制如图6-6所示。

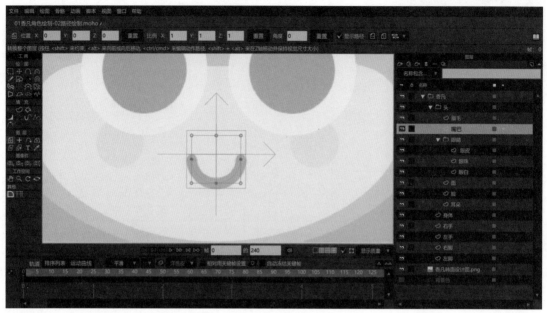

图6-6

（3）眼睛结构分为眼白、眼珠和眼皮三个部分，并组合为"眼睛"层组，方便后续做遮罩处理。眼白路径绘制如图6-7所示。

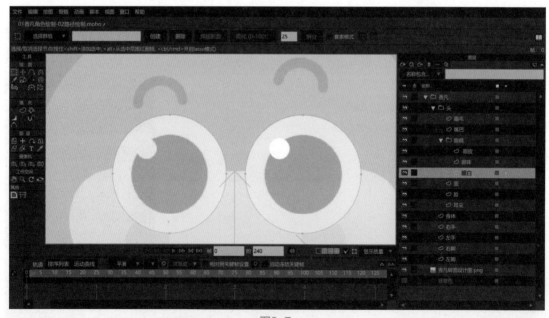

图6-7

🖰 绘制路径时灵活运用复制功能可以提高工作效率。

（4）眼珠路径绘制如图6-8所示。

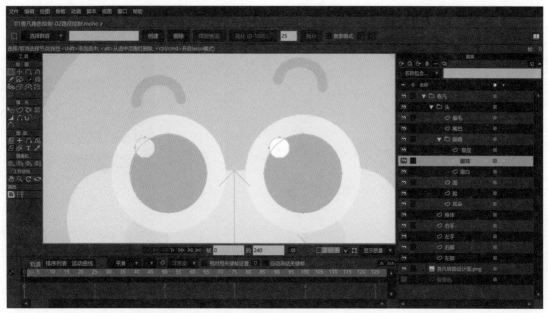

图6-8

（5）眼皮结构在设计图中并没有体现，但是**考虑到后续角色的眨眼动画需要**，应当在创建角色图形时将眼皮结构绘制出来，眼皮路径绘制如图6-9所示。眼皮结构分上眼皮和下眼皮两个部分，每只眼睛都分别绘制上下眼皮。

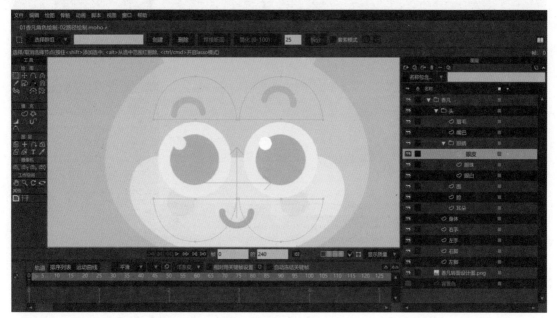

图6-9

🔘　绘制路径时组成各结构的节点能对称的尽量对称处理。

（6）面部结构主要绘制角色脸部的粉红区域以及脸颊两侧腮红，如图6-10所示。

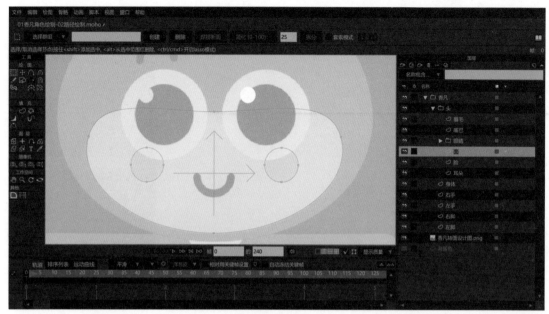

图6-10

（7）绘制头部轮廓，如图6-11所示。头部轮廓单独绘制方便后续遮罩处理。

图6-11

（8）耳朵路径绘制如图6-12所示。绘制耳朵时需要注意被头挡住的结构需要表现完整，参考其他转面设计和运动时的需要，不可随意绘制。

香凡角色头部路径绘制微视频

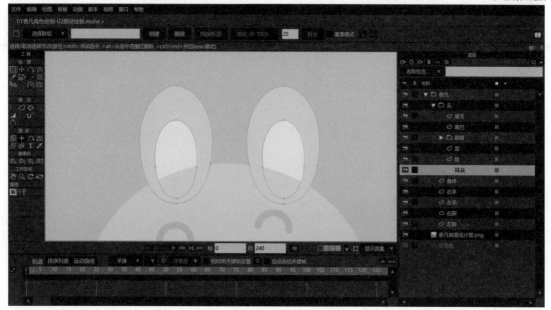

图6-12

（9）角色的身体结构比较简单，绘制时主要注意被头部挡住的部分多绘制一些，避免摆头时穿帮，如图6-13所示。

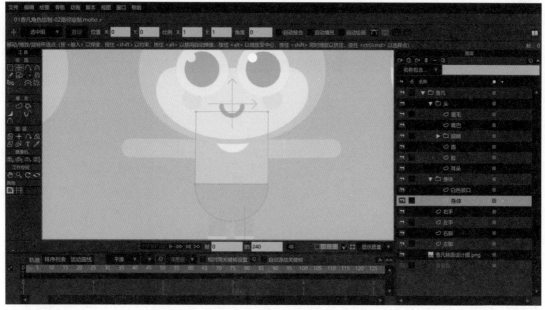

图6-13

（10）白色领口分层绘制主要是为了方便后期做遮罩效果，将"身体"和"白色领口"层打组，做遮罩时把领口的移动控制在身体范围内。白色领口路径绘制如图6-14所示。

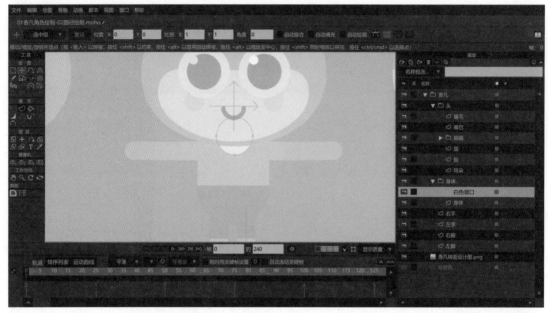

图6-14

（11）手部设计由于比较简洁规整，利用线段即可，不需要绘制区域来填充创建。右手路径绘制如图6-15所示。

香凡角色身体路
径绘制微视频

左右对称的结构在命名时可以定一个自己或者团队统一的规则，统一规则有利于大家更容易地理解，避免混乱。比如画面的右边为右，或者角色的右边为右。在本案例中以画面的右边为右。

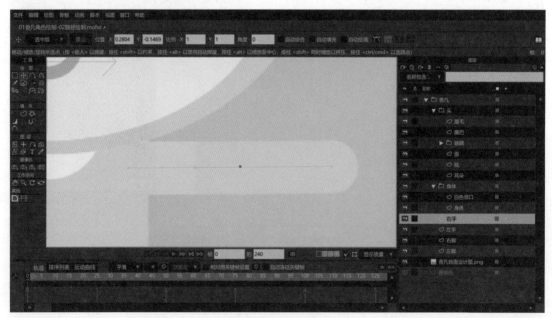

图6-15

（12）左手由于是右手的对称结构，只需要复制右手的路径，再水平翻转放置在正确位置即可，如图6-16所示。

图6-16

（13）脚部的处理与手部一样，右脚如图6-17所示。

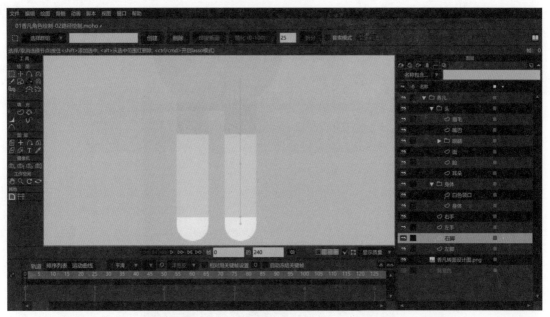

图6-17

香凡角色手脚路
径绘制微视频

香凡角色路径
绘制工程文件

（14）左脚直接复制右脚路径放置在正确位置即可，如图6-18所示。

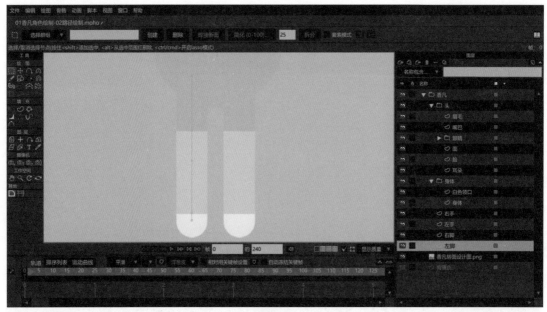

图6-18

6.1.3 创建图形

角色的图形路径绘制完成后，接下来需要将路径创建为可视的、可渲染的图形，路径是不能被渲染的。

（1）选择"香凡转面设计图"图层，单击图层面板中的"复制层"按钮，复制一个图层，命名为"香凡转面设计图2"，如图6-19所示。

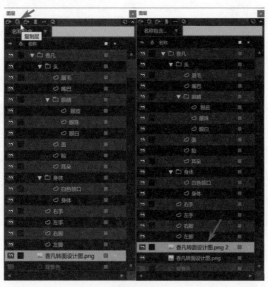

图6-19

（2）将新复制的图层层属性中的"不透明度"设置为"100"，如图6-20所示。

图6-20

（3）在选中新复制图层的情况下，利用图层裁剪工具将角色正面图形裁剪出来，其他部分不显示，如图6-21所示。

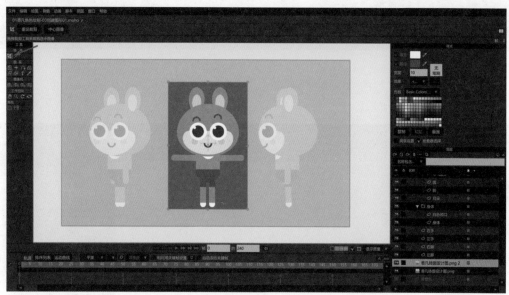

图6-21

（4）将裁剪下来的图形移动至方便取色的位置，如图6-22所示。

图6-22

香凡角色创建图形
前的准备微视频

（5）选择"眉毛"图层，利用创建图形工具选中左眉毛线段，如图6-23所示。

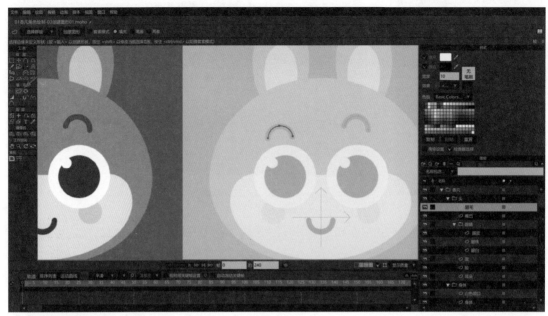

图6-23

（6）将光标移到样式栏的"描边"复选框处，单击吸管图标，并拖动光标到角色眉毛上，吸取眉毛的颜色，如图6-24所示。

图6-24

（7）选择创建图形工具，在工具属性栏中选择"笔画"选项（只需要创建笔画即可），样式栏中的描边宽度约为10，单击"创建图形"按钮，创建出左眉毛图形，如图6-25所示。

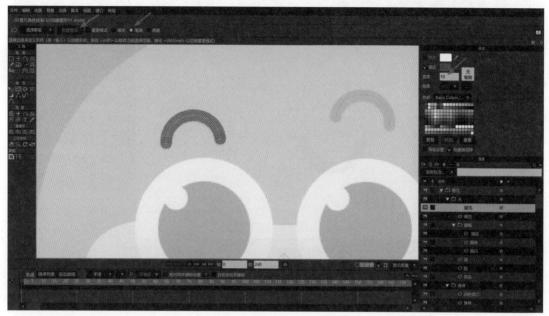

图6-25

（8）再次用创建图形工具选择右眉毛，单击"创建图形"按钮或按Enter键，创建右眉毛图形，如图6-26所示。

图6-26

（9）以同样的方法创建嘴巴线段，如图6-27所示。

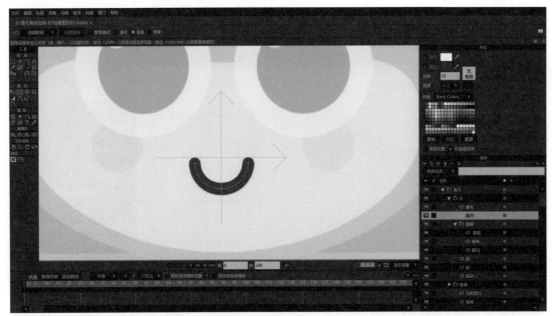

图6-27

（10）将创建图形工具属性栏中的模式调为"填充"，用创建图形工具框选一个眼皮路径，用样式栏中的"填充吸管"吸取角色皮肤色后，再单击"填充色块"，在弹出的"拾色器"对话框中将颜色稍微调深一些，使眼皮的颜色比皮肤色稍深，如图6-28所示。

图6-28

（11）单击"创建图形"获得一个眼皮图形，如图6-29所示。

图6-29

（12）用同样的方法将其他3个眼皮图形逐一创建，如图6-30所示。

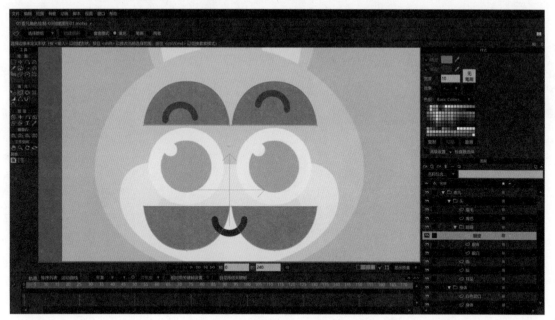

图6-30

🖰 眼皮不可同时一次性创建，否则这几个独立图形就变成了一个图形，当它们交叠时会产生镂空。

（13）用"填充"模式，分别创建两只眼珠并设置高光，如图6-31所示。

图6-31

（14）用"填充"模式，分别创建两个眼白图形，如图6-32所示。

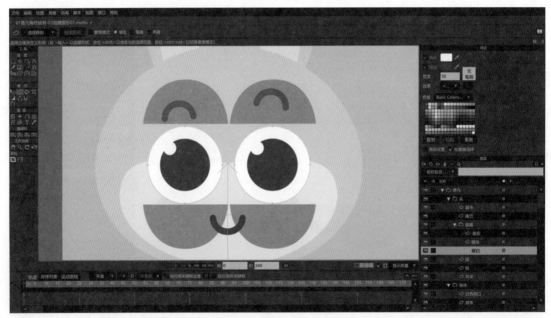

图6-32

（15）设置眼睛遮罩效果：目前眼皮、眼珠和眼白图形都已创建完成，需要设置遮罩效果，使眼珠和眼皮都限制在眼白范围内显示。双击打开"眼睛"层组的"层设置"，将"遮罩"标签中的"显示遮罩"激活，单击"确定"按钮开启本层组的遮罩功能，如图6-33所示。

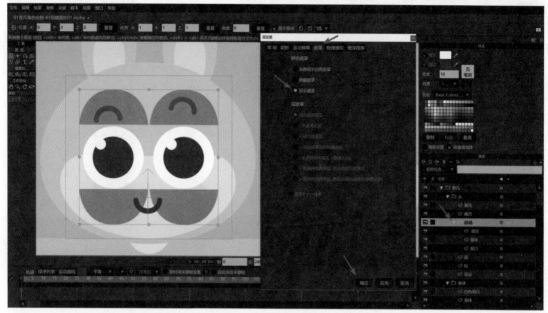

图6-33

（16）移动眼珠或者眼皮图层，查看遮罩效果，如图6-34所示。

图6-34

注意： 利用移位查看效果后，要记得将图形回归原位。

（17）创建面部和腮红的图形，如图6-35所示。

图6-35

注意按照先后顺序创建，优先创建下层的脸部，再创建上面的腮红，如果创建时层次错了，可以利用选择图形工具选中图形，再按键盘向上向下键调整层次关系。

（18）创建脸部图形，如图6-36所示。

图6-36

（19）分别创建两只耳朵的图形，如图6-37所示。

图6-37

香凡角色头部图
形创建微视频

（20）创建白色领口图形，如图6-38所示。

图6-38

（21）用创建图形工具框选身体结构的矩形部分，创建蓝色的上身结构图形，如图6-39
所示。

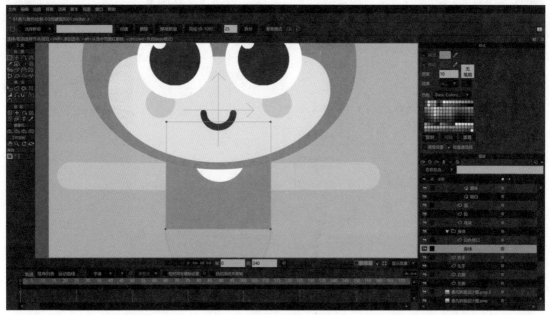

图6-39

（22）仔细观察设计图上身和下身的设计，如图6-40所示。下半身比上半身稍厚一些，可以
用填充加描边的方式创建。

图6-40

（23）将填充和描边的颜色都设置为与下半身一样的颜色，在创建图形工具属性栏中设置为"两者"，描边线宽设置为"4"，单击"创建图形"按钮，如图6-41所示。

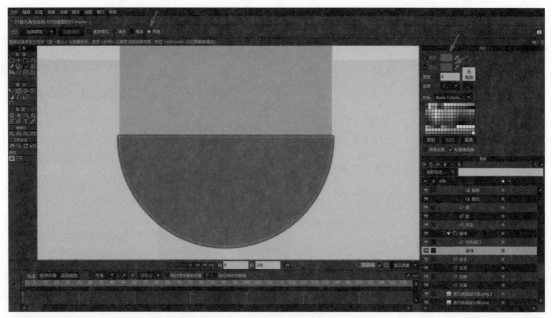

图6-41

（24）创建右手：利用创建图形工具选择肩膀部分的线段，为了方便观察，可以先把身体图层关闭显示，如图6-42所示。

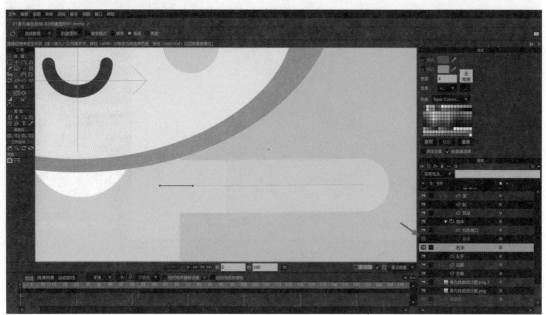

图6-42

香凡角色身体图形创建微视频

（25）填充模式选"笔画"，样式栏"描边"吸取肩膀的蓝色，描边"宽度"设置为"40"，创建线段如图6-43所示。

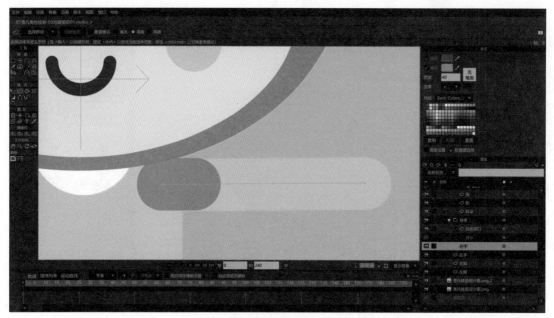

图6-43

（26）利用创建图形工具，选择如图6-44所示手臂路径线段。

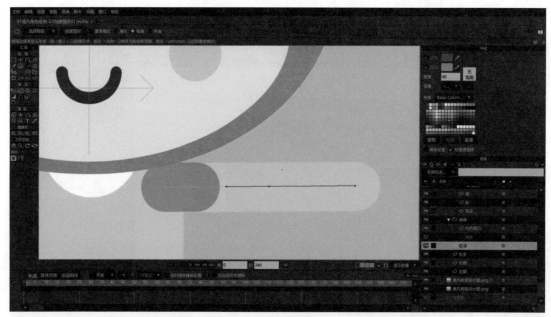

图6-44

（27）创建手臂线段，如图6-45所示。

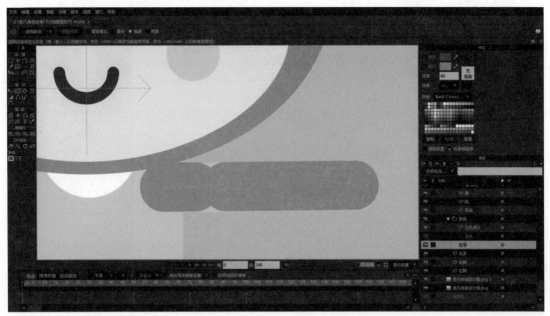

图6-45

（28）利用创建图形工具，选择图6-46所示手臂路径线段，勾选样式栏中的"高级设置"复选框，取消勾选"圆角"复选框，如图6-46所示。

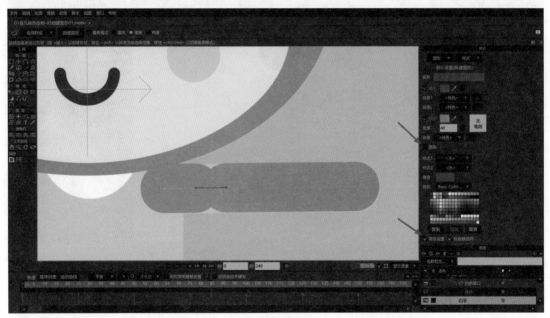

图6-46

（29）描边颜色设置为肩膀的蓝色，单击"创建图形"按钮，效果如图6-47所示。

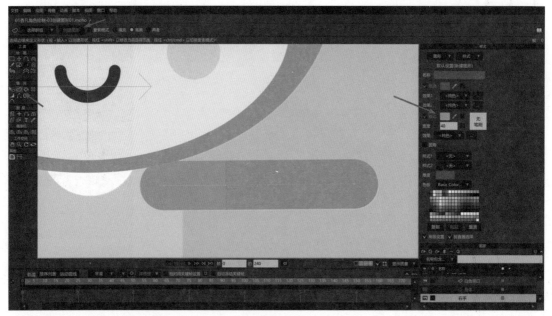

图6-47

（30）用同样的方法创建左手，如图6-48所示。

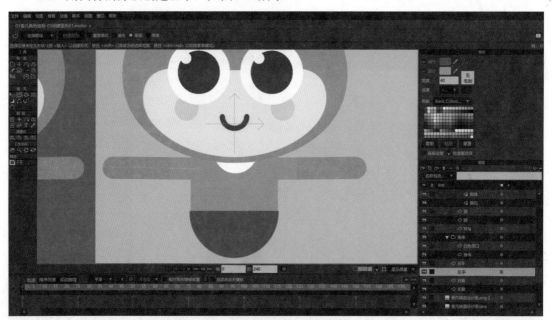

图6-48

🖴 创建左手的另一个方法：直接复制右手，反向后放置到左手正确位置，注意需要把左手原路径删除。

（31）用与创建手臂类似的方法，先创建右脚的大腿部分，如图6-49所示。

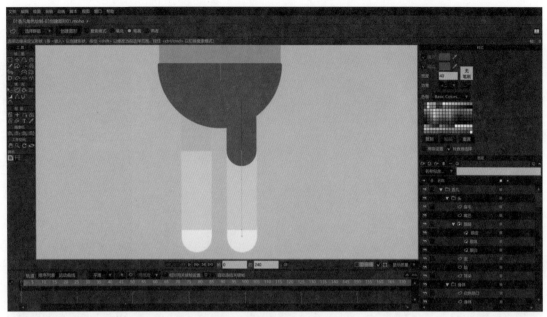

图6-49

（32）再创建白色的脚，如图6-50所示。

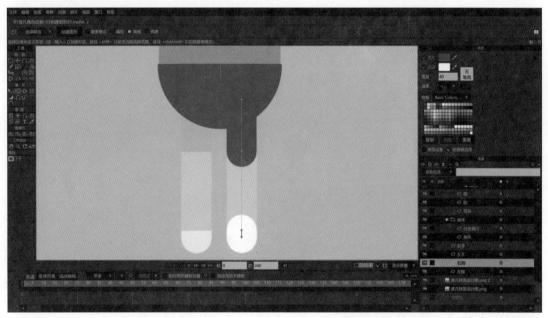

图6-50

（33）最后创建腿部，如图6-51所示。注意取消勾选样式栏高级设置中"圆角"复选框后再创建。

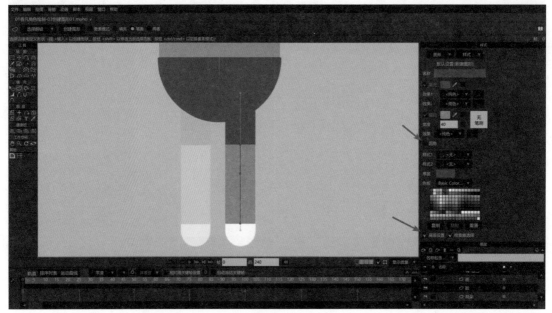

图6-51

（34）用同样的方法创建左脚，如图6-52所示。

图6-52

香凡角色手脚图
形创建微视频

（35）设置头部遮罩效果：开启"头部"层组遮罩效果，如图6-53所示。

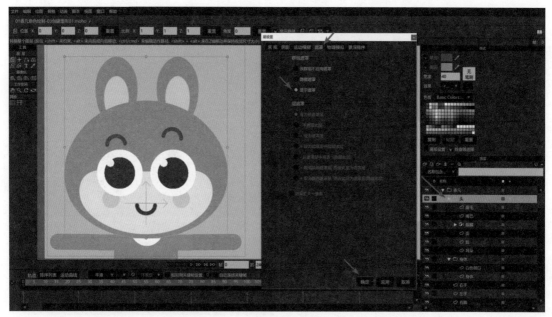

图6-53

（36）将"耳朵""层设置"中的遮罩设为"不遮罩此层"，因为耳朵在头部层组的最下层，不需要做遮罩效果，如图6-54所示。

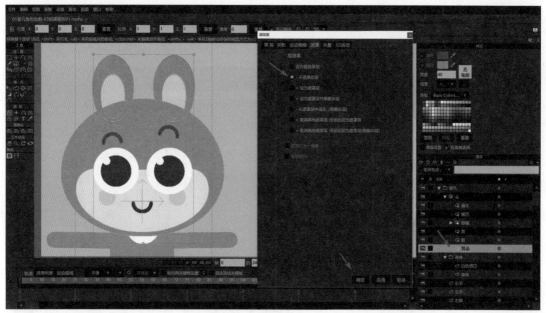

图6-54

（37）这样角色头部中的眉毛、嘴巴、眼睛和面都限制显示在"脸"层，如图6-55所示。

图6-55

香凡角色头部遮
罩设置微视频

（38）开启"身体"层组的遮罩效果，如图6-56所示。

图6-56

（39）将身体的"白色领口"层限制显示在"身体"层范围内，如图6-57所示。

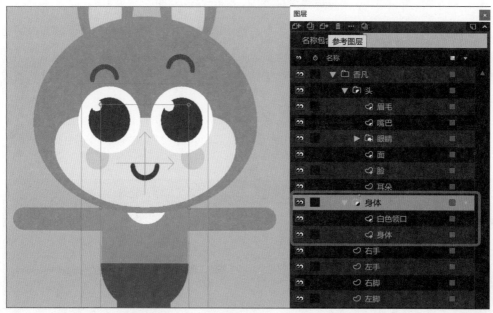

图6-57

（40）关闭设计图显示，可以给角色创建一个背景色块，方便后续操作，如图6-58所示。到此角色的图形全部创建完毕。

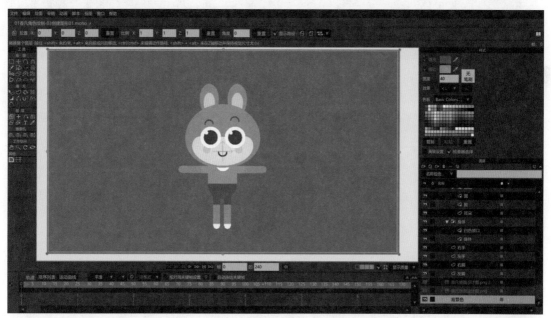

图6-58

香凡角色创建
图形工程文件

6.2 创建骨骼

当完成角色的图形创建之后，就可以开始给角色创建骨骼了。给角色创建骨骼可以方便地控制相应的图形运动。不同的角色需要创建的骨骼可能不一样，**骨骼的布局需要根据角色不同的结构特点进行**。能否为角色创建简洁高效的骨骼体系，源于对骨骼的运作特点及功能的理解熟悉程度。

注意： 创建骨骼必须在骨骼图层进行，而且需要被骨骼控制的图形都应在骨骼层组中。

（1）右击"香凡"层组，在弹出的快捷菜单中选择"转换为骨骼层"，如图6-59所示，将"香凡"层组转换为骨骼图层。

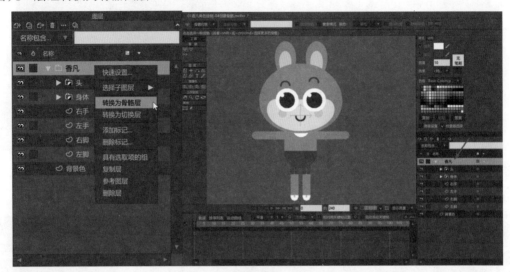

图6-59

（2）选择增加骨骼工具，在角色臀部的位置创建一个点骨，作为角色的总骨骼，如图6-60所示。

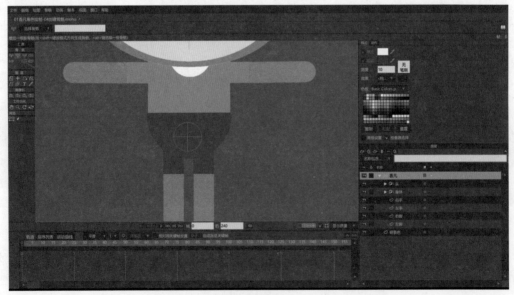

图6-60

角色的总骨骼一般在臀部的中间位置，移动这个骨骼可以移动角色的所有结构。

（3）依次创建身体和头部的骨骼，如图6-61所示。创建骨骼时按住Shift键可以限制骨骼沿X轴或Y轴创建。

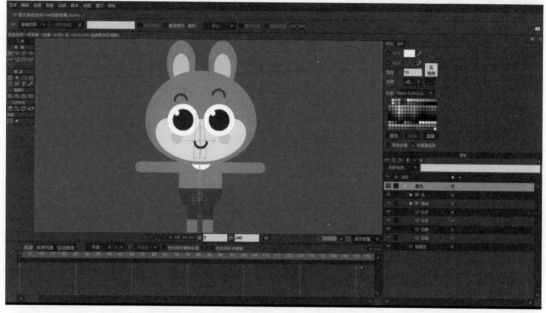

图6-61

（4）继续创建四肢的骨骼，如图6-62所示。在创建骨骼时，如果需要参考角色的图形路径（比如手臂），可以右击相应图层，在"快速设置"里勾选"路径"复选框，方便精确设置骨骼。

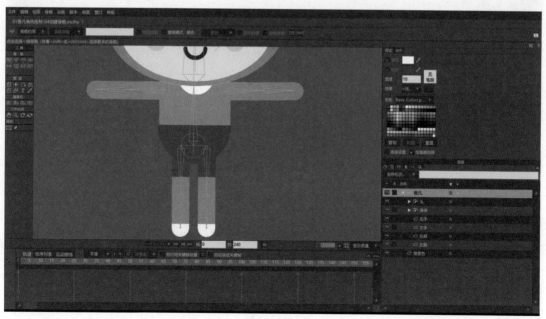

图6-62

（5）给头部的相关结构添加骨骼，如图6-63所示。眼珠和眉毛的骨骼可以方便控制角色的位置。

图6-63

（6）全选所有的骨骼，选择骨骼权重工具，将所有骨骼权重调整为0，如图6-64所示。

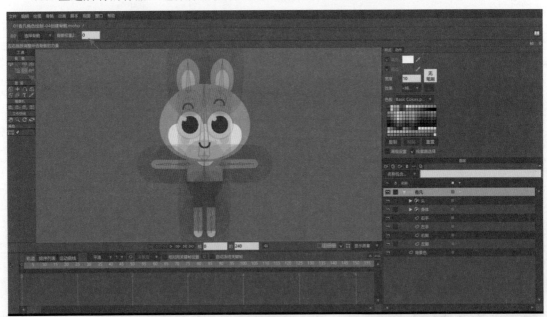

图6-64

香凡角色创建
骨骼微视频

香凡角色创建
骨骼工程文件

（7）骨骼创建完成后，用操作骨骼工具试着控制一下骨骼，检查骨骼的父子关系是否正确。如果需要调整父子关系，用重设骨骼父子关系工具调整。角色最终的骨骼父子关系如图6-65所示。

图6-65

6.3　骨骼绑定

　　创建好的角色骨骼只有与图形做相应的绑定，才能正确驱动图形。不同的角色结构在绑定时可能需要不同的绑定方法，在本案例中主要使用节点绑定和层绑定。

　　（1）选中"眉毛"图层，用选择骨骼工具选中左眉毛的骨骼，如图6-66所示。

图6-66

（2）用捆绑节点工具选择组成左眉毛的节点，这样左眉毛的节点与控制左眉毛的骨骼都处于被选中的状态，然后单击"捆绑节点"按钮，被选中的节点就和骨骼绑定在一起了。可以观察到被绑定的节点显示变大了一些，并且节点显示的颜色和骨骼的颜色一致，如图6-67所示。

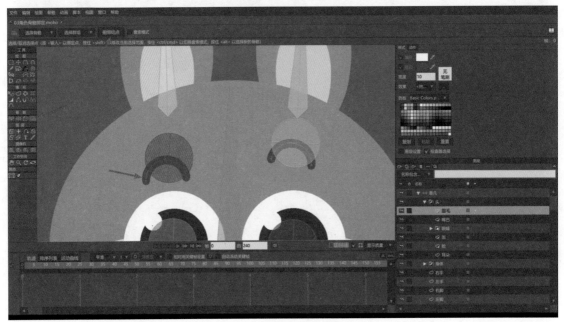

图6-67

节点绑定中，被绑定的节点颜色显示与绑定它的骨骼颜色一致。

（3）用同样的方法将右眉毛绑定在控制它的骨骼上，如图6-68所示。

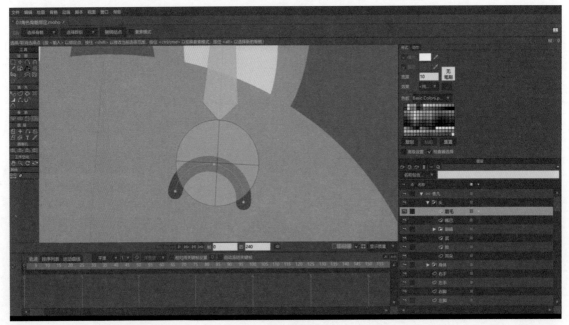

图6-68

（4）由于"嘴巴"图层中只有嘴巴的图形，而且它只受到头部骨骼的控制，因此可以用层绑定的方式绑定嘴巴：选中"嘴巴"层，选择捆绑层工具单击头部骨骼。可以看到头部骨骼变粗了，说明"嘴巴"层已经被绑定到该骨骼上了，如图6-69所示。

图6-69

如果一个图层中的全部图形只需要受一根骨骼的控制，那么就可以使用层绑定，如果需要受多根骨骼控制，那就可以使用点绑定或者其他的绑定方式。

（5）"眼皮"层只需要受到头部骨骼的控制，可以用"层绑定"，如图6-70所示。

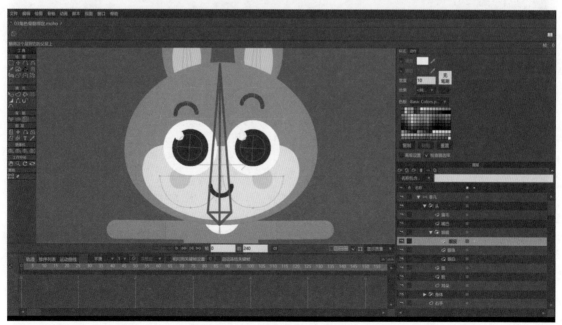

图6-70

（6）两只眼珠在同一个层，而且分别受不同的骨骼控制，因此使用"点绑定"，如图6-71所示。

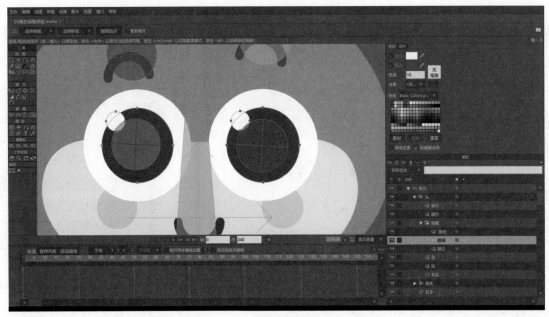

图6-71

（7）"眼白"层、"面"层和"脸"层都可以使用"层绑定"，如图6-72所示。

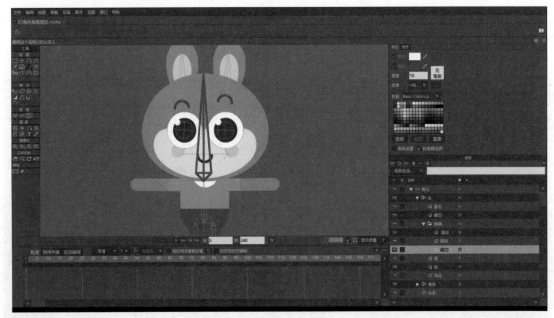

图6-72

（8）两只耳朵分别使用"点绑定"，如图6-73所示。这样头部的结构绑定就完成了。

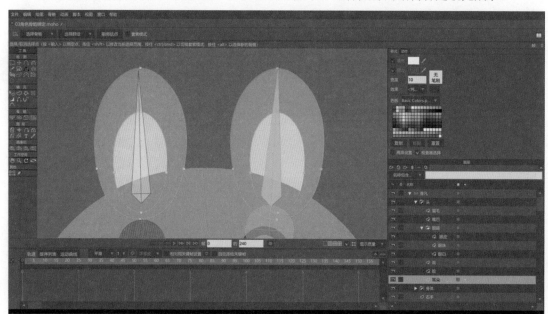

图6-73

（9）在骨骼层的非0帧，用操控骨骼工具和转换骨骼工具控制一下头部的各个骨骼，如图6-74所示，看看各结构是否被正确控制。如果出现错误，及时修正绑定。

图6-74

（10）由于身体只受到一根骨骼的控制，因此可以把"身体"层组用层绑定的方式绑定在身体骨骼上，如图6-75所示。

图6-75

（11）右手的上臂骨骼用点绑定的方式组成上臂的节点（包括肘关节的节点），如图6-76所示。

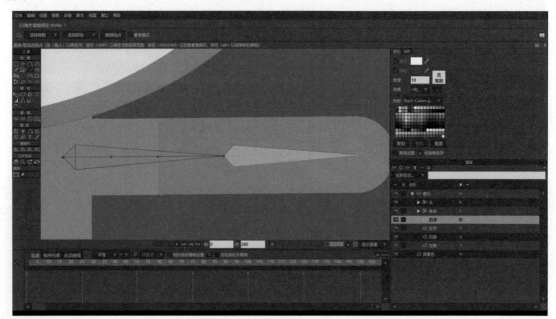

图6-76

（12）下臂骨骼点绑定手部节点，如图6-77所示。

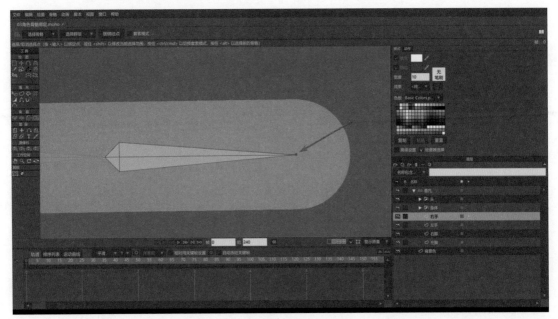

图6-77

（13）左手使用同样的方法绑定，如图6-78所示。

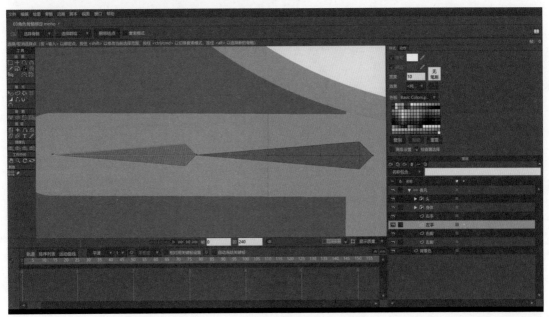

图6-78

（14）将"右脚"层的大腿节点绑定在右大腿的骨骼上，如图6-79所示。

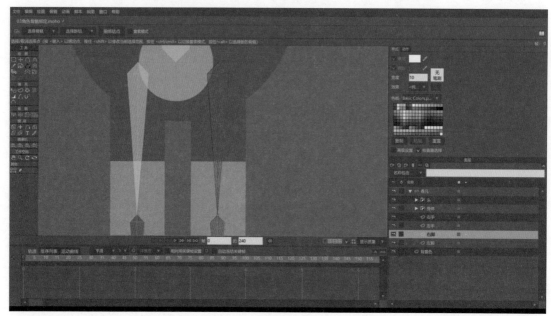

图6-79

（15）将"右脚"层的小腿节点绑定在右小腿的骨骼上，如图6-80所示。

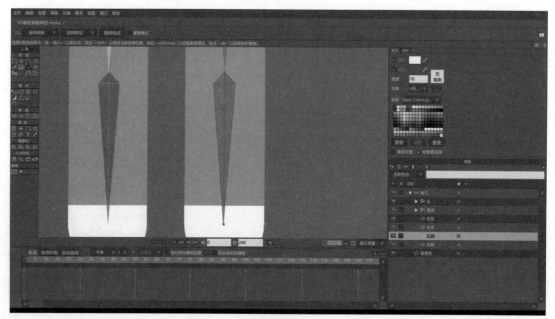

图6-80

（16）"左脚"层使用同样的方法绑定，如图6-81所示。

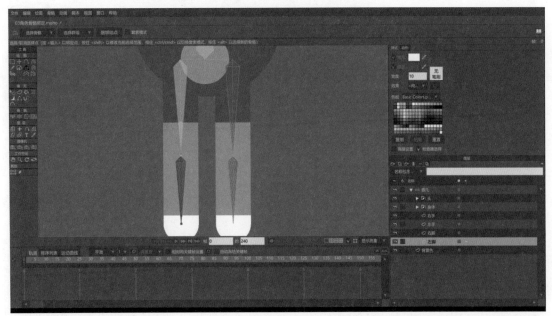

图6-81

（17）角色绑定完成后，在非0帧测试，如图6-82所示。如果有结构遗漏或者绑定错误则需要返回修正，直至完全正确。

图6-82

香凡角色骨骼
绑定微视频

香凡角色骨骼
绑定工程文件

6.4　骨骼设置

骨骼设置是创建角色模型的重要环节，在这个环节中，对角色模型的骨骼进行设置和优化。完成包括骨骼角度约束、目标骨骼、骨骼拉伸范围设置、骨骼运动修正和各种骨骼控制器等。角色的骨骼设置越完善，在后期的动画制作过程中就越方便操作。

在本部分内容中，将给角色进行骨骼的初步设置、运动修正，创建眼珠、眨眼、转面和转体等多个控制器，这些控制器是角色模型常用的控制器。在实际项目中，可以根据项目的要求和角色的特点创建更多控制器。

6.4.1　骨骼初步设置

当角色的骨骼绑定工作完成之后，可以对骨骼进行初步的设置，这里的设置主要是角度控制、伸缩控制和目标骨骼控制等。

（1）头部骨骼的角度约束。角色头部结构的旋转有一个范围，超出一定范围会出现穿帮的情况，为了方便后续的操控，可以给角色头部骨骼添加一个"角度约束"。用选择骨骼工具选择头部骨骼，单击属性工具栏中的"骨骼约束"，勾选"角度约束"复选框，将最小/最大（角度）设置为"-16""16"，如图6-83所示。这样就将头部骨骼的摆动幅度约束在左右16°范围内。

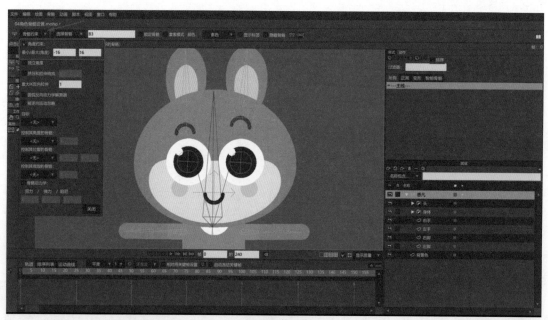

图6-83

（2）给角色脚部添加目标骨骼。给脚部添加目标骨骼可以更好地控制角色脚部的位置，这对角色制作行走、奔跑等全身肢体运动时很有帮助。分别在角色左右脚骨骼处创建一个新的骨骼，如图6-84所示。

注意： 这里新创建的骨骼应当是独立的骨骼，不需要与其他骨骼形成父子关系。

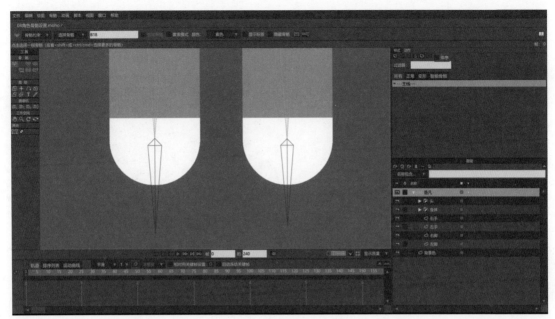

图6-84

（3）选中左小腿骨骼，单击属性工具栏中的"骨骼约束"，将该骨骼的目标设为新创建的骨骼"B18"，此时"B18"骨骼的根部出现一个靶环状的标示，左小腿的目标骨骼设置完成。如图6-85所示。用同样的方法将右小腿设置目标骨骼。

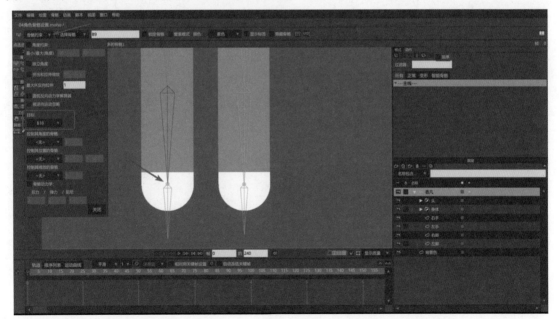

图6-85

（4）给左右腿设置拉伸。后续在做较为激烈的动作时，腿部可能需要做一些结构拉伸的效果，通过给腿部骨骼设置拉伸可以实现。选择腿部的4根骨骼，单击属性工具栏中的"骨骼约束"，将"最大IK反向拉伸"的值设为"1.5"，给角色腿部增加50%的拉伸范围，如图6-86所示。

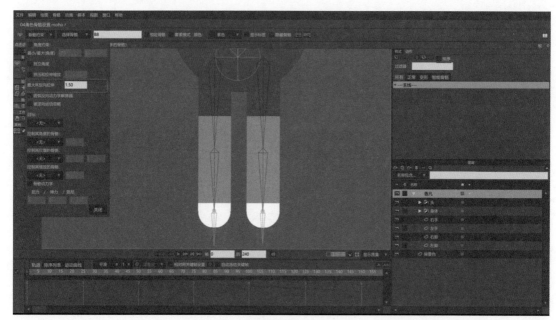

图6-86

（5）可以通过移动角色来查看目标骨骼和骨骼拉伸设置后的效果，如图6-87所示。

图6-87

香凡角色骨骼　　　　香凡角色骨骼
设置微视频　　　　　设置工程文件

6.4.2 骨骼运动修正

在对角色完成初步绑定后，骨骼运动时，相应的结构可能会出现一些穿帮的情况，这时需要对骨骼进行运动修正设置。在本案例中，主要对角色的四肢进行修正处理。

（1）当弯曲角色小臂时，发现手臂出现了一些变形，这些变形不是最初的设计效果，如图6-88所示。

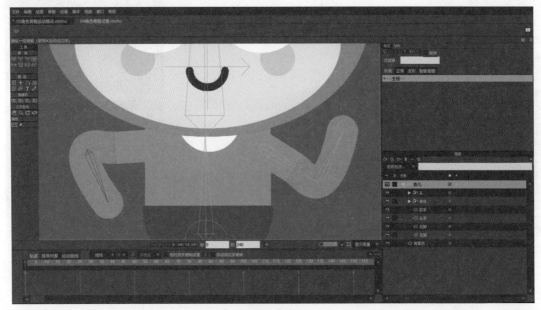

图6-88

（2）选择左小臂的骨骼，在动作栏中单击"新建动作"标签，给这根骨骼创建一个运动修正的动作，如图6-89所示。

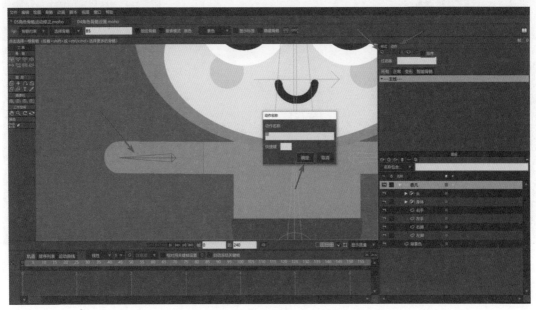

图6-89

（3）在时间轴的第1帧将骨骼向上旋转至合适的位置（认为可能最极限的位置），将关键帧属性设置为线性（线性可以定义动作均匀变化），如图6-90所示。

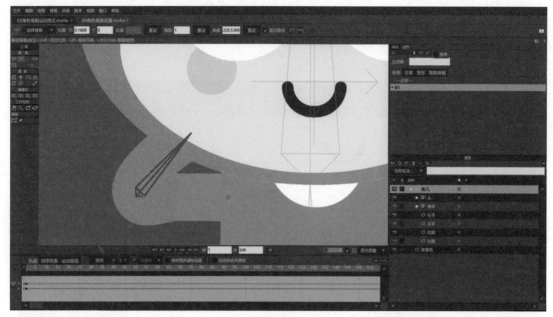

图6-90

（4）在第100帧（也可以是其他帧，这取决于实际需要，帧数越多在后期动画时骨骼的变化帧范围越大）将骨骼向下旋转至合适的位置，如图6-91所示。

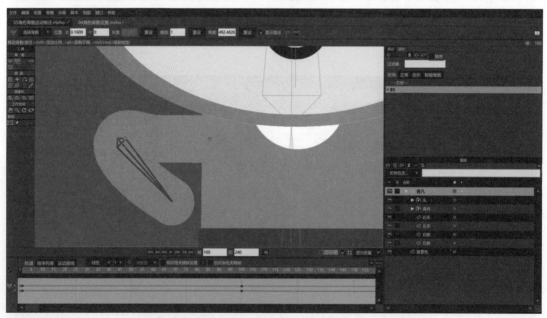

图6-91

（5）激活"左手"层，将第1帧和第100帧的图形用转换节点工具和曲率工具，将手臂调整为合适的状态，如图6-92所示。

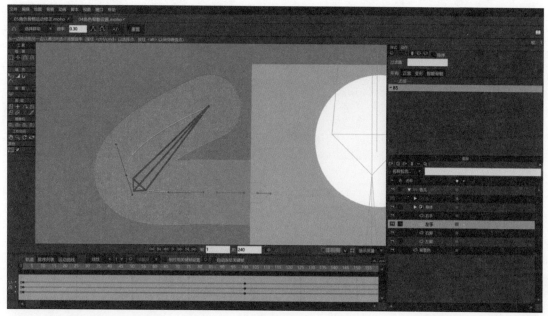

图6-92

注意关键帧的位置不能错，之前设置骨骼旋转是在第1帧和第100帧位置，对应的图形调整也应该是这两个帧之间的范围。超过这两个帧范围的图形变化不会体现出来。

（6）拖动帧，查看关键帧之间的图形变化是否合适，如果出现偏差则应在关键帧范围之间继续调整，直到符合期望。

香凡角色骨骼运
动修正微视频

香凡角色骨骼运
动修正工程文件

（7）用同样的方法对右手及两个腿进行骨骼运动修正处理，如图6-93（a）所示。完成后操控骨骼看看它们的效果，如图6-93（b）所示。

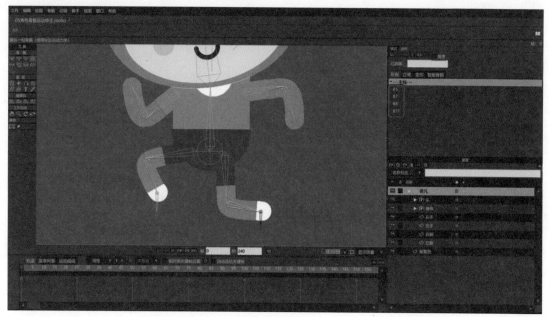

图6-93（a）

图6-93（b）

6.4.3　创建眼珠控制器

在前面创建的角色基础骨骼中，角色的两个眼珠可以分别被相应骨骼控制，并且制作动画。角色的眼珠在动画中经常需要制作视线的变化，但是分别控制两个眼珠会导致两眼珠难以被精确同步控制，这个时候就有必要给眼珠创建控制器，方便在动画中操控。

Moho并没有提出控制器的概念，它把控制器和进行了骨骼运动修正的骨骼都称为智能骨骼。本质上控制器和骨骼运动修正一样，都是定义骨骼做某种动作（旋转或位移）时，其对应的图形或骨骼产生相应的变化。可以把进行了骨骼运动修正的骨骼称为智能骨骼，把不直接绑定角色图形，而是通过智能骨骼的方式间接控制图形的骨骼称为控制器。它们都是智能骨骼，但区分名称可以方便团队协作时的沟通表达。

制作控制器时要有一个清晰的思路：你希望作为控制器的骨骼处在何种状态，对应的图形或骨骼又产生什么样的变化？制作时对应控制器的动作设置相应的变化即可。

创建眼珠的控制器有多种方法，本案例采用的是用骨骼控制骨骼的思路。

（1）在角色外围创建一个点骨，命名为"双眼位置"，取消它的权重，如图6-94所示。

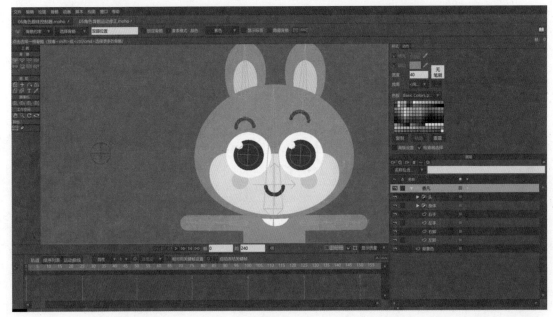

图6-94

（2）将控制角色两个眼珠的骨骼的父级指向新创建的"双眼位置"骨骼，如图6-95所示。这时就可以用"双眼位置"骨骼同时控制两只眼珠的位置了。

图6-95

（3）但是当控制头部摆动时，会发现眼珠没有一起运动，如图6-96所示。这是因为眼珠的父骨没有关联到头部骨骼上。

图6-96

（4）将"双眼位置"骨骼的父骨设为头部骨骼，如图6-97所示，角色的眼珠就能正常控制了。

图6-97

（5）有时角色的骨骼设置比较多，或者眼珠比较小时，在动画中点选眼珠的骨骼来调整眼珠的位置显得不方便。这时可以将单独控制眼珠位置的骨骼关联到角色外围。

方法：在"双眼位置"骨骼附近创建两个点骨，分别命名为"左眼位置"和"右眼位置"，取消它们的权重，并将父级指向"双眼位置"骨骼，如图6-98所示。

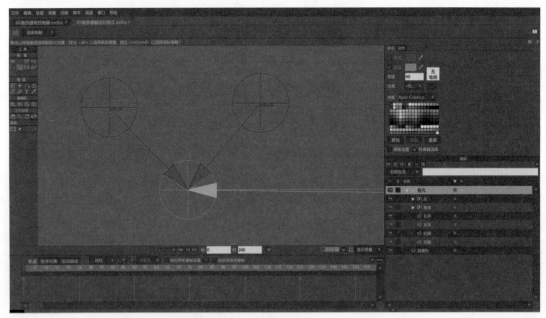

图6-98

（6）选择左眼珠的骨骼，在"骨骼约束"中将"控制其位置的骨骼"设为"左眼位置"骨骼，X轴和Y轴的数值保持1即可，如图6-99所示。现在左眼珠的位置就完全受"左眼位置"骨骼的控制。

图6-99

（7）用同样的方法设置右眼珠的骨骼，如图6-100所示。

图6-100

（8）可以在非0帧用"转换骨骼"工具测试，正确的情况是：两只眼珠的位置可以在外围分别控制，也可以同时控制它们。此时，原眼珠的骨骼已经不能再被操控，可以选择它然后勾选"隐藏骨骼"复选框，将它们隐藏，如图6-101所示。

香凡角色创建眼　　香凡角色眼珠控
珠控制器微视频　　制器工程文件

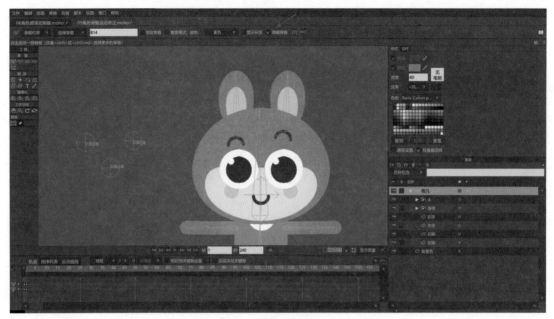

图6-101

6.4.4 创建眨眼控制器

　　眨眼也是角色经常性的动作，因此在角色模型中有必要创建一个眨眼控制器。在该案例中角色的眨眼由上下两个眼皮闭合来实现。

　　（1）先做一个左眼眨眼控制器：在"左眼位置"控制器上添加一个骨骼，将其命名为"左眨眼"，取消权重，父级指向"左眼位置"控制器，如图6-102所示。

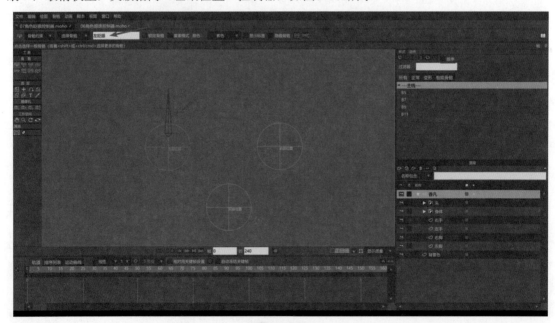

图6-102

（2）选中"左眨眼"骨骼，在动作栏中新建一个"左眨眼"动作，如图6-103所示，单击"确定"按钮。

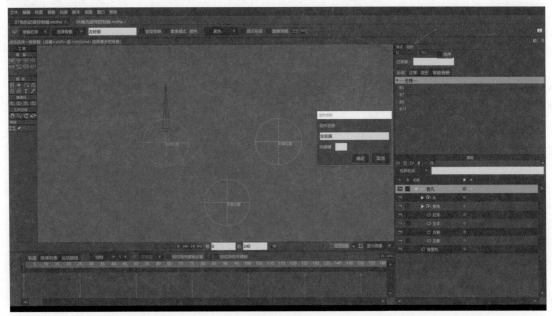

图6-103

（3）在时间轴的第1帧，用转换骨骼工具将"左眨眼"骨骼向左旋转45度，如图6-104所示。

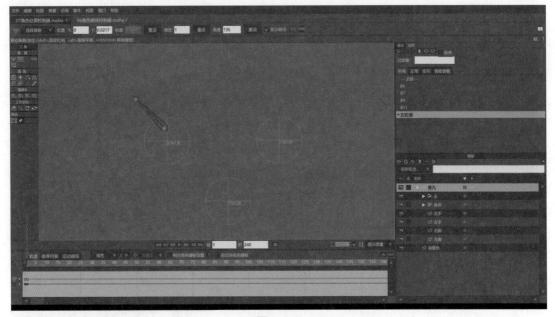

图6-104

（4）选择"眼皮"层，同样是在时间轴第1帧的位置，将上下眼皮调整为闭合状态，如图6-105所示。

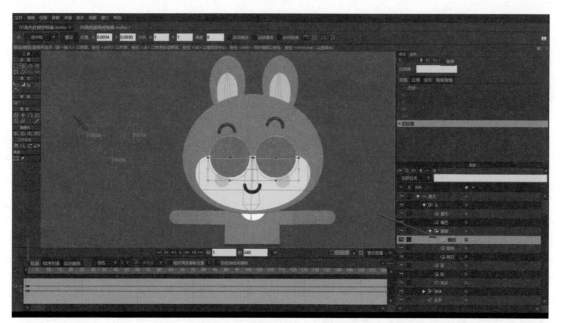

图6-105

正常情况下，左眨眼控制器只需要控制左眼眼皮的动作，但是为了右眨眼控制器与左眨眼动作完全契合，可以先把两个眼睛的动作一起做完，在后续制作右眨眼时将右眼皮的关键帧剪切到右眨眼控制器设置中即可。

（5）双击动作栏"主线"，回到常规编辑状态，选中骨骼层，用操纵骨骼工具旋转"左眨眼"骨骼，正确的情况是：向左旋转骨骼时眼皮会逐渐闭合。此时，左眨眼控制器完成设置。

（6）制作右眼眨眼控制器：在"右眼位置"控制器上添加一个骨骼，将其命名为"右眨眼"，取消权重，父级指向"右眼位置"控制器，如图6-106所示。

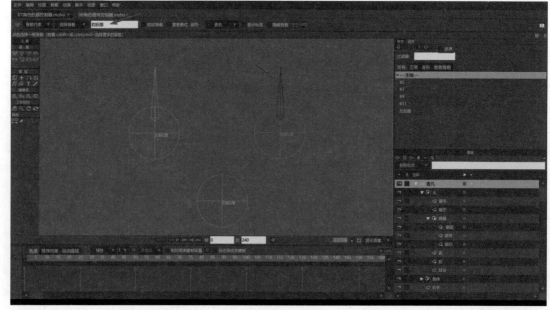

图6-106

（7）选中"右眨眼"骨骼，在动作栏中新建一个"右眨眼"动作，如图6-107所示，单击"确定"按钮。

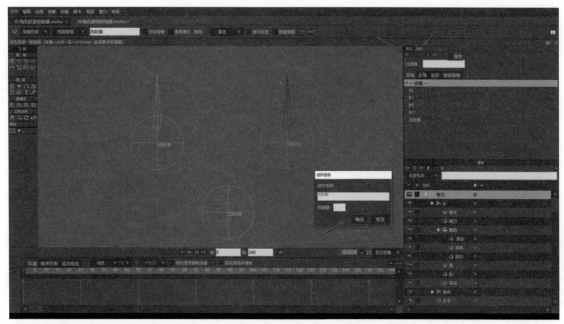

图6-107

（8）在时间轴的第1帧，用转换骨骼工具将"右眨眼"骨骼向左旋转45°，如图6-108所示。

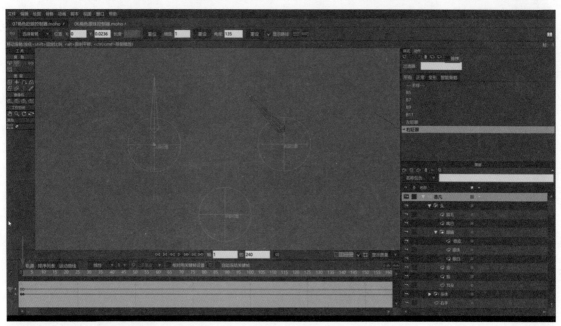

图6-108

（9）将第4步操作中已经设置好的右眼眨眼动作关键帧剪切出来：双击动作栏中的"左眨眼"动作，选择"眼皮"层，用选择节点工具选择右眼皮的所有节点，然后选择时间轴上红色时

间线第1帧位置的关键帧（也就是被选中节点的关键帧），如图6-109所示。按Ctrl+X快捷键剪切
这个关键帧。

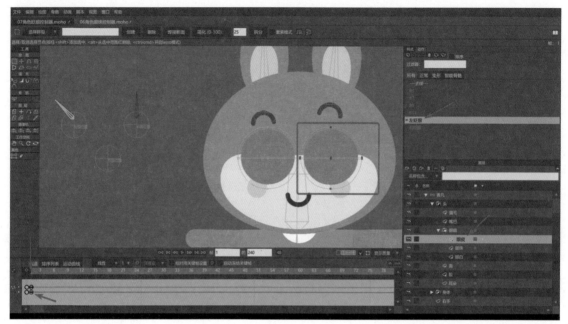

图6-109

（10）双击动作栏中的"右眨眼"动作，进入"右眨眼"动作编辑状态，在第1帧位置按
Ctrl+V快捷键，将剪切的关键帧粘贴，如图6-110所示。

图6-110

（11）双击动作栏的"主线"，退出动作编辑，选择"骨骼"层，分别操纵"左眨眼"和
"右眨眼"骨骼，查看控制器效果，如图6-111所示。正确的情况是：两个控制器能分别控制

眼皮的张开和闭合。

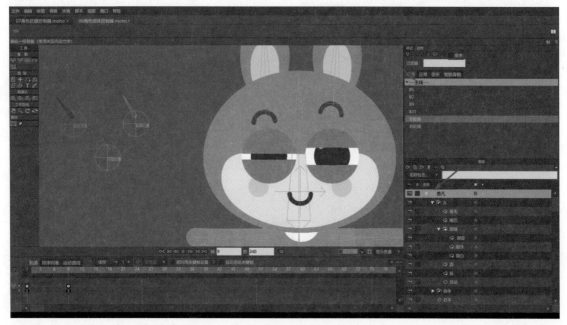

图6-111

（12）制作双眼同步眨眼控制器：在"双眼位置"控制器上添加一个骨骼，将其命名为"双眨眼"，取消权重，父级指向"双眼位置"控制器，如图6-112所示。

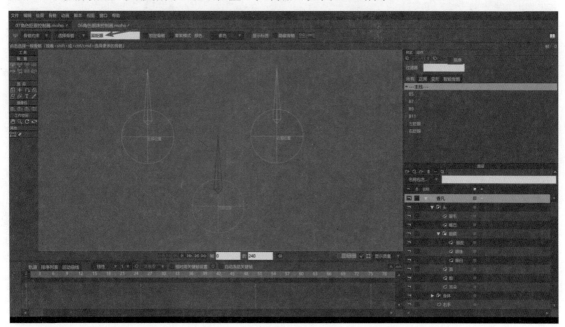

图6-112

（13）选中"双眨眼"骨骼，在动作栏中新建一个"双眨眼"动作，如图6-113所示，单击"确定"按钮。

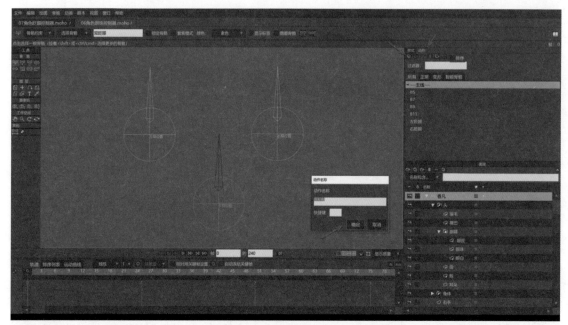

图6-113

（14）在时间轴的第1帧，用转换骨骼工具将"双眨眼""左眨眼"和"右眨眼"骨骼各向左旋转45°，如图6-114所示。

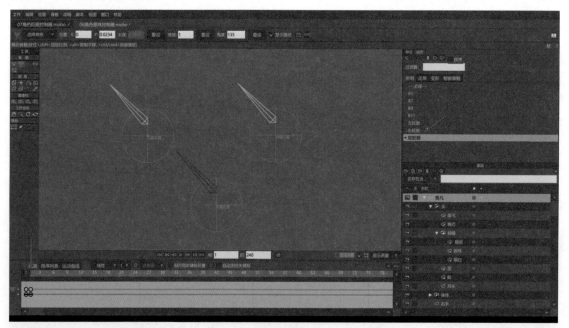

图6-114

（15）回到主线，操纵"双眨眼"控制器查看效果，如图6-115所示。正常的情况是："双眨眼"控制器可以同步控制左右眼皮的开启和闭合动作。

图6-115

（16）设置角度约束：同时选择三个控制眼皮的骨骼，在"选择骨骼"属性栏"骨骼约束"面板中，勾选"角度约束"复选框，将"最小、最大（角度）"设置为0、45，如图6-116所示。这样它们就被限制在向左45°的范围内旋转。

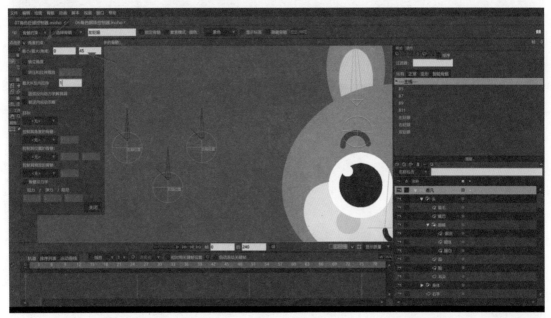

图6-116

香凡角色创建眨眼控制器微视频　　香凡角色眨眼控制器工程文件

6.4.5 创建转面控制器

利用模型控制角色转面是Moho特色的重要体现，它的创建和其他控制器本质上是一样的，只是控制转面涉及的图层和动作复杂一些。本案例将制作一个左右共180°的转面控制器。

（1）在角色的外围创建一根骨骼，命名为"头部左右"，取消权重，如图6-117所示。

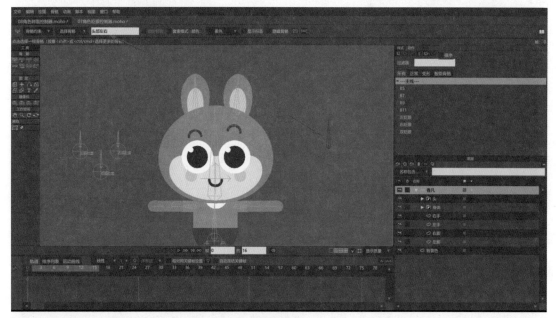

图6-117

（2）选中"头部左右"骨骼，在动作栏中新建一个"头部左右"动作，如图6-118所示。单击"确定"按钮，进入"头部左右"智能骨骼编辑模式。

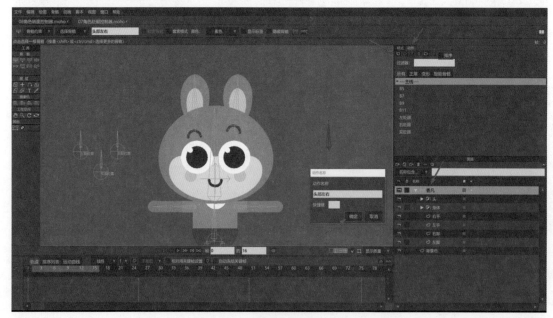

图6-118

（3）在时间轴第1帧，将骨骼向左旋转45°，在第75帧向右旋转45°，如图6-119所示。定义该骨骼的左右旋转角度。

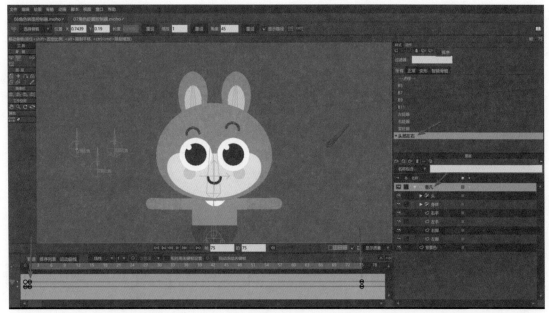

图6-119

（4）在时间轴第1帧位置，选中"眼白"图层，用操控层工具将眼白图形平移（按Shift键）至左侧面状态，如图6-120所示。

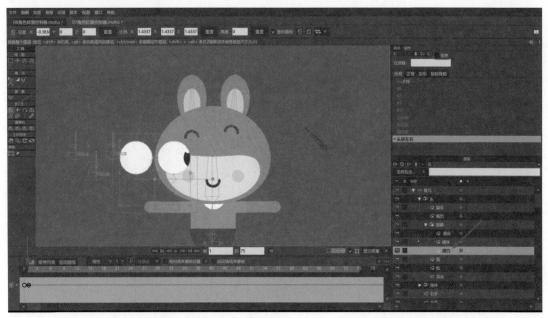

图6-120

制作转面控制器时，移动图形可以优先考虑使用"层移动"，当"层移动"不合适时再使用"节点移动"。

（5）在时间轴第75帧位置，选中"眼白"图层，用操控层工具将眼白图形平移（按Shift键）至右侧面状态，如图6-121所示。

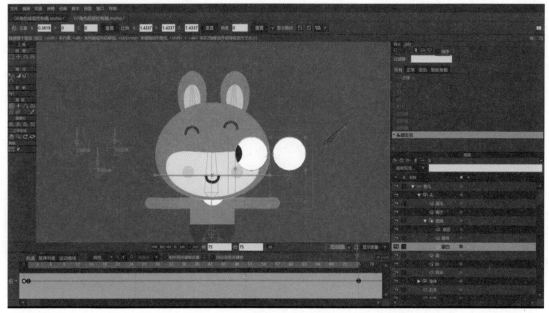

图6-121

头部外面的眼白是软件的显示问题，当一个做了遮罩效果的层组中还包含了一个创建了遮罩效果的层组时，就会出现这种显示问题，但渲染是正常效果。因此不用担心，可以渲染单帧查看效果确认一下。

（6）复制"眼白"图层第0帧的"层移动"关键帧，粘贴在时间轴第38帧位置（1~75帧的中间，也是"头部左右"骨骼的向上垂直90度的初始状态位置），如图6-122所示。

图6-122

通过以上第（4）、（5）、（6）步骤，定义了：第1帧左侧面眼白的位置，第38帧正面眼白的位置，第75帧右侧面眼白的位置。其他头部的各个结构都应按照这个逻辑，分别在第1、第38和第75帧的位置定义它们左侧面、正面和右侧面的状态。

（7）使用同样的方法，使用操控层工具，将眼皮图形在第1、第38和第75帧移动至合适的位置，如图6-123所示。

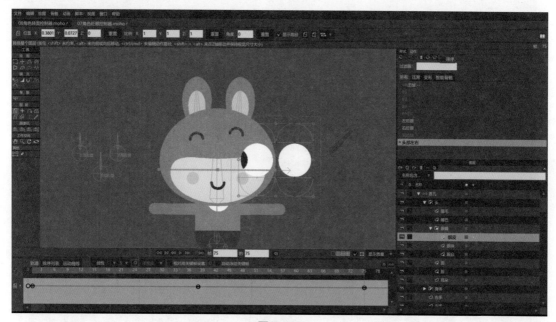

图6-123

（8）"面"层操作同上，如图6-124所示。

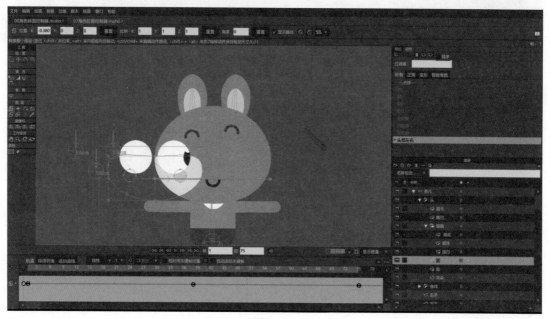

图6-124

（9）"嘴"层操作同上，如图6-125所示。

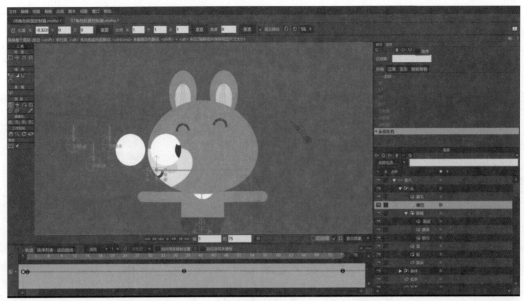

图6-125

（10）选中"香凡"骨骼层，在第1帧位置，用转换骨骼工具，向左平移"双眼位置"控制器骨骼，使眼珠呈现在眼框的中间位置，如图6-126所示。

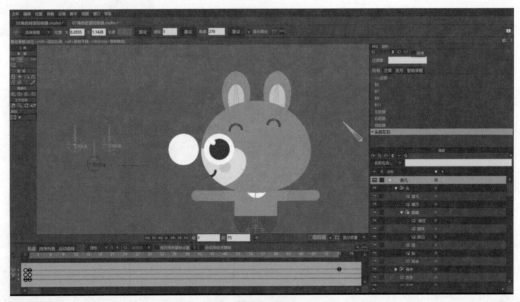

图6-126

重要提示

在制作转面时，如果角色的某个结构受到骨骼单独控制，应当先移动骨骼来移位，而不是直接移动图形。直接移动图形会导致后续在骨骼控制它时发生错位，因为图形和骨骼之间的相对关系发生了变化。

（11）使用同样的方法设置好眼珠在第38、第75帧的位置，如图6-127所示。

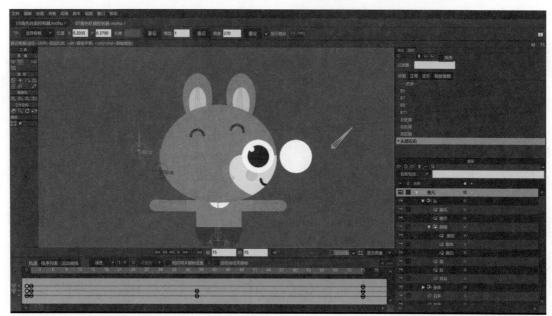

图6-127

（12）用同样的方法处理眉毛在第1、第38和第75帧的位置，如图6-128所示。

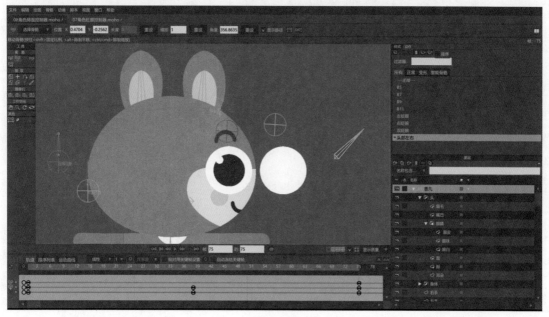

图6-128

接下来设置耳朵的转面。这里会发现一个问题，在前期创建图形时，耳朵创建在同一个图层中，但是在做转面动画时，需要出现一只耳朵在头部的前面，另一只耳朵在头部后面的效果，它们的遮挡关系在转面的过程中会发生变化，而两只耳朵在同一个图层无法实现这种效果，因此需要将耳朵分别创建图层，再利用层组的"动画层顺序"功能制作层次动画。

（13）在"耳朵"层上创建一个新的矢量图层，命名为"左耳朵"，再将原"耳朵"层改名为"右耳朵"，如图6-129所示。

图6-129

（14）选择"右耳朵"层中的左耳全部节点，剪切至"左耳朵"层中，如图6-130所示。这样就把耳朵分别创建在不同的图层中。

图6-130

（15）双击"头"层组，在"层设置"的"景深排序"标签中，勾选"启用动画层顺序"复选框，如图6-131所示。单击"确定"按钮，这时"头"层组可以制作层顺序动画了。

图6-131

（16）双击动作栏的"头部左右"动作，进入转面编辑，选中"香凡"骨骼层，在时间轴第1帧位置，用转换骨骼工具将两只耳朵放置在合适位置，如图6-132所示。这时右耳朵还处于头部的后方。

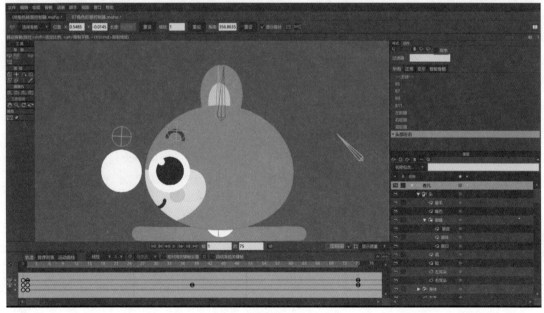

图6-132

（17）选中"右耳朵"层，将其拖曳至眉毛层上方位置，如图6-133所示。这时左侧面状态的右耳朵处于正确的状态，显示在头部的前面。

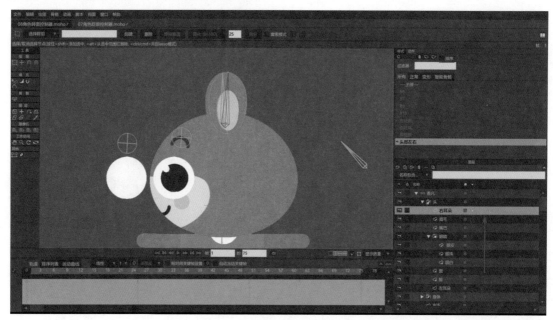

图6-133

（18）选中"头"层组，可以看到时间轴上显示了"层次序"动画关键帧，如图6-134所示。

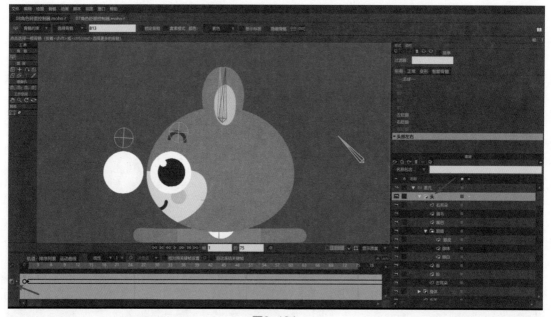

图6-134

（19）选中"香凡"骨骼层，选中两只耳朵的骨骼，复制第0帧两只耳朵的骨骼移动关键帧节点，粘贴在第38帧位置，如图6-135所示。

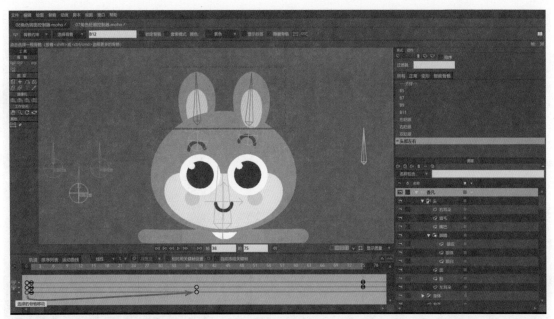

图6-135

（20）在"香凡"骨骼层第33帧位置，将右耳朵移动至头部边缘位置，如图6-136所示。

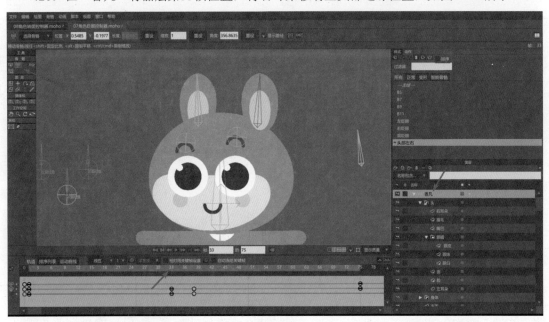

图6-136

（21）同样在第33帧位置，将"右耳朵"层拖曳至"脸"层下方，如图6-137所示。拖动时间轴查看角色由左侧面转向正面的动画效果。此时右耳朵应当正常显示它的层次序：1～32帧显示在头的前方，32帧以后显示在头的后方。

图6-137

（22）选中"香凡"骨骼层，在第75帧位置，调整两只耳朵至合适的位置，如图6-138所示。

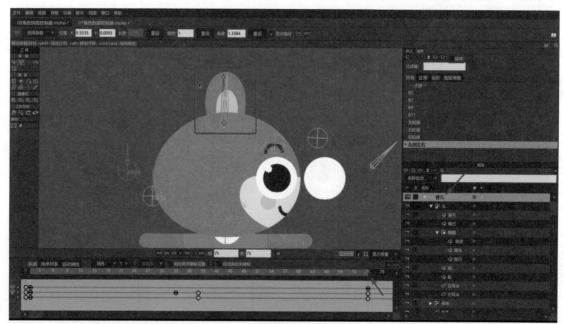

图6-138

（23）在第43帧将左耳朵移动至头部边缘，如图6-139所示。

图6-139

（24）在第43帧将"左耳朵"层拖曳至"眉毛"层上方，如图6-140所示。此时左耳朵显示在头部的前方。

图6-140

（25）拖动时间轴查看角色由正面转向右侧面的动画效果。此时左耳朵应当正常显示它的层次序：1～42帧显示在头的后方，42帧以后显示在头的前方。

（26）完成头部转面控制器的创建，退出智能骨骼编辑模式，将"头部左右"控制器骨骼设置左右45°的约束，如图6-141所示。操控骨骼查看动画效果。

香凡角色创建左右
转面控制器微视频

香凡角色左右转面
控制器工程文件

图6-141

使用与角色创建左右转面控制器同样的方法，还可以给角色创建头部上下俯仰的控制器，由于篇幅关系，这里就不赘述，想了解的读者可以扫描右侧二维码，查看视频操作。

香凡角色创建头部俯仰控制器微视频　　香凡角色头部俯仰控制器工程文件

6.4.6　创建转体控制器

（1）在角色的外围创建一根骨骼，命名为"左右转体"，取消权重，如图6-142所示。

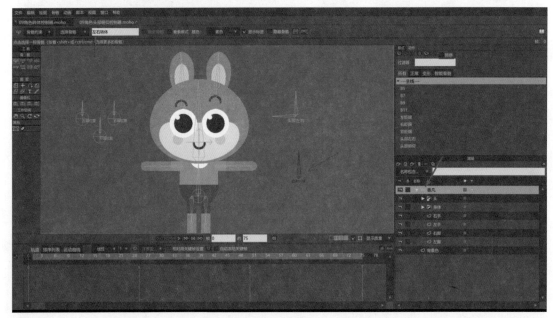

图6-142

（2）选中"左右转体"骨骼，在动作栏中新建一个"左右转体"动作，如图6-143所示。单击"确定"按钮，进入"左右转体"智能骨骼编辑模式。

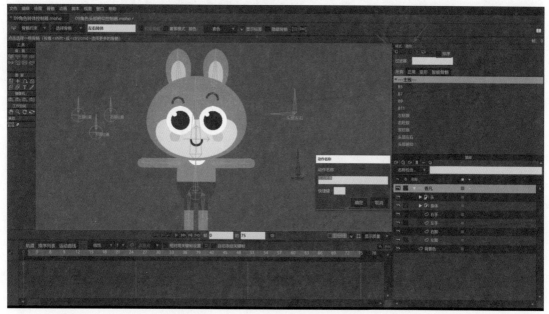

图6-143

（3）在时间轴第1帧，将骨骼向左旋转45°，在第75帧向右旋转45°，如图6-144所示。定义该骨骼的左右旋转角度。

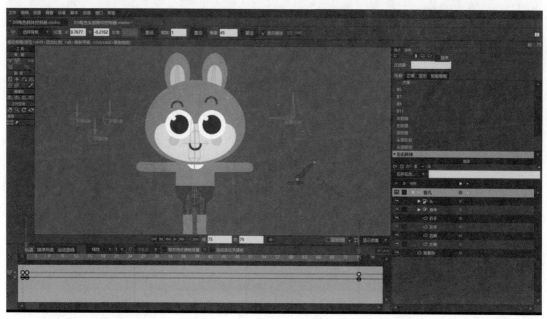

图6-144

（4）在时间轴第1帧位置，选中"白色领口"图层，用操控层工具将白色领口图形平移（按Shift键）至左侧面状态，如图6-145所示。由于角色造型比较简单而且扁平化，身体的其他部分就不做变化，只通过白色领口的位置表示躯干转动。

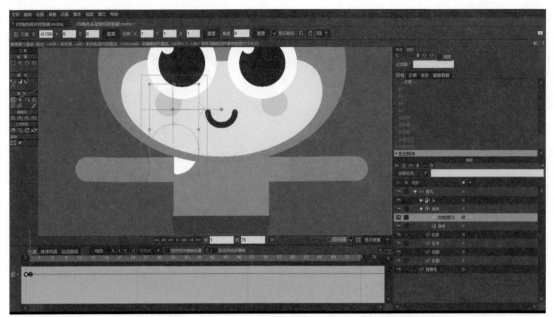

图6-145

（5）在时间轴第75帧位置，用操控层工具将白色领口图形平移（按Shift键）至右侧面状态，如图6-146所示。

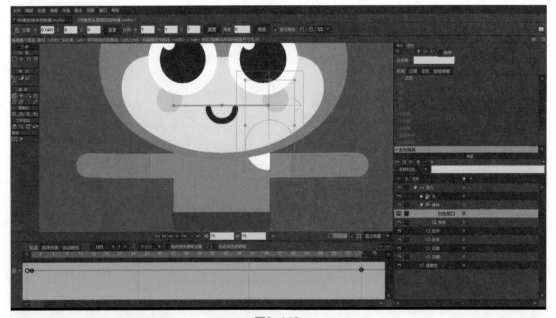

图6-146

（6）复制"白色领口"图层第0帧的"层移动"关键帧，粘贴在时间轴第38帧位置，如图6-147所示。

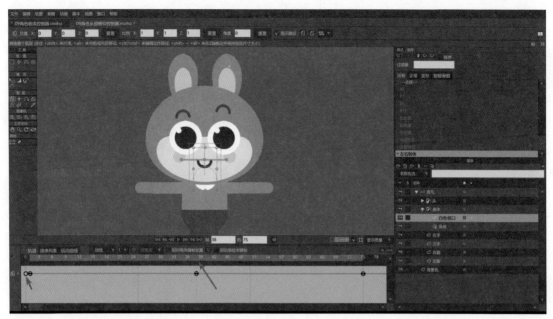

图6-147

（7）选中"香凡"骨骼层，在时间轴第1帧，利用"转换骨骼"工具，将左右手上臂和左右大腿的骨骼平移至合适左侧面造型的位置，如图6-148所示。

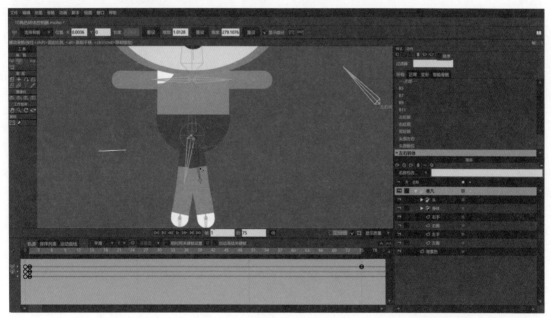

图6-148

（8）复制左右手上臂和左右大腿的骨骼在0帧位置的关键帧节点，粘贴到第38帧位置，如图6-149所示。使正面手脚的位置恢复正常。

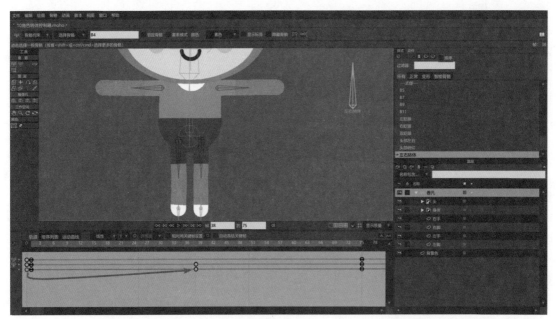

图6-149

（9）复制左右手上臂和左右大腿的骨骼在第1帧位置的关键帧节点，粘贴到第75帧位置，如图6-150所示。

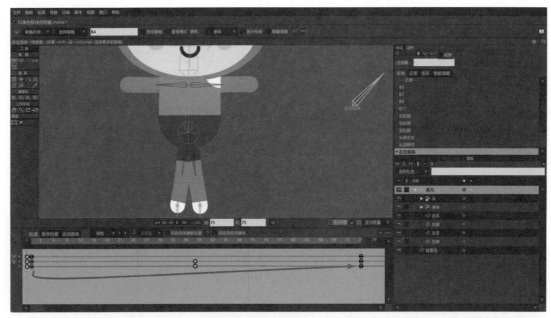

图6-150

（10）双击"香凡"骨骼层，在"层设置"的"景深排序"标签中，勾选"启用动画层顺序"复选框，如图6-151所示。单击"确定"按钮，这时"香凡"骨骼层可以制作层顺序动画了。

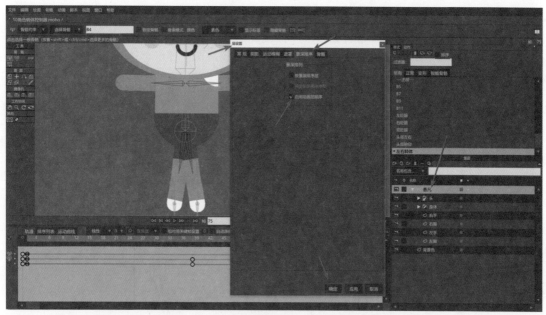

图6-151

将"香凡"骨骼层开启"启用动画层顺序"的目的是为后续的动画做准备，而并不需要像在转面控制器中将层次序动画做好，这是因为在实际动画制作过程中，手脚的层次序需根据动画的实际需要灵活调整，甚至可能临时添加一些图层，如果将"香凡"骨骼层的层次序动画设置完毕，那么后续将无法根据需要灵活调整。头部的转面很少出现需要灵活调整或者增加图层的情况，因此可以提前设置好。

（11）双击动作栏"主线"回到常规编辑模式，在非0帧操控骨骼查看效果，尝试综合利用完成的控制器摆一些造型，如图6-152所示。

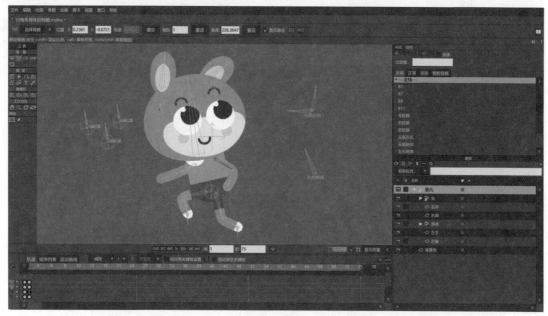

图6-152

ℹ 可能会发现在0帧查看转体效果时，白色领口并没有随骨骼的转动而转动，那是因为白色领口没有直接绑定在骨骼上，而是通过"身体"层组绑定的。因此它不显示正常的动画，但是在非0帧是正常的——这应该是Moho不完善的地方。如果非要在0帧显示，可以先取消"身体"层组的层绑定，然后分别把"白色领口"和"身体"层层绑定到身体骨骼上即可。

香凡角色创建转
体控制器微视频

香凡角色转体控
制器工程文件

创建智能骨骼或控制器时需要保持思路清晰，正常情况下不要勾选"自动冻结关键帧"复选框，只操作必要的变化。操作过程要严谨，比如只要移动即可的不要旋转，只动一个即可的不要动两个，等等。更不要在动作编辑时随意做单击，当无意单击时可能会产生不必要的关键帧，这在后期很可能带来意想不到的问题。

6.5 模型动画

当角色的模型创建完成之后，就可以利用模型制作动画了。本节将利用前面创建好的角色模型制作一个表情动画和一个行走动画，通过这两个动画实践来初步熟悉Moho模型动画的方法步骤。当然模型动画并不是纯粹只利用骨骼和控制器制作动画，多数情况下还需要与节点动画综合起来使用。

动画制作涉及的操作步骤较多，本书只挑出关键的步骤说明，其他部分都是根据对动作的理解不断的调试。

6.5.1 角色表情动画

香凡角色表情
动画效果

香凡角色表情动
画制作微视频

在本动画案例中，将制作一个角色由正常状态转变为不开心状态的动画。查看动画效果请扫描左侧二维码。

（1）设置工程：打开角色模型工程文件，单击"文件"菜单下的"工程设置"，将工程的"宽度"设为"1920"，"高度"设为"1080"，"帧率"设为"12"，如图6-153所示，单击"确定"按钮。

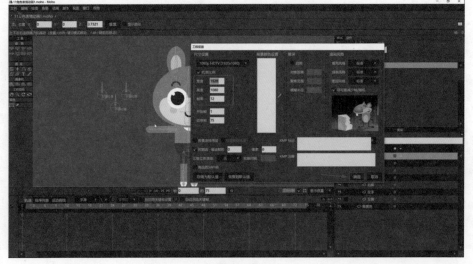

图6-153

画面的大小和帧率可以根据项目的需要确定，一般情况下1920*1080分辨率，12的帧率可以满足常规电视动画制作需要。

（2）设置构图：使用平移摄像机工具和推拉摄像机工具，将角色的构图调整到合适位置，如图6-154所示。

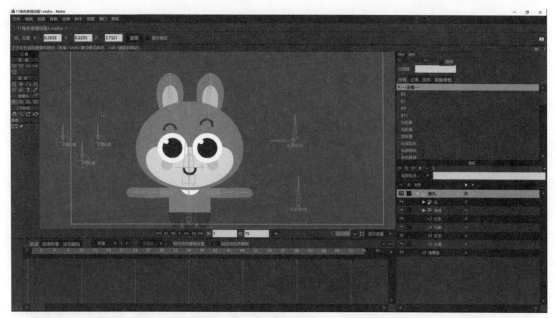

图6-154

（3）设置关键帧：勾选时间轴面板中的"自动冻结关键帧"复选框，在时间轴第1帧位置，使用骨骼工具，综合利用骨骼控制、控制器和层次序等功能，给角色摆一个起始造型，如图6-155所示。

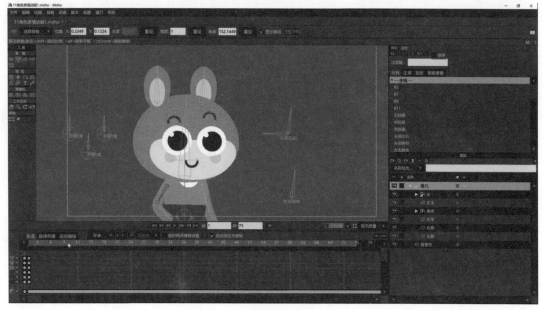

图6-155

制作主关键帧时，一般建议勾选"自动冻结关键帧"复选框，以便将角色姿势完全固定。制作次要关键帧、辅助动作或调整节奏时取消勾选"自动冻结关键帧"复选框。

（4）在时间轴第12帧位置，给角色创建一个新的姿势（不开心），使它双手下垂，头部略向前低，眼睛看向地面等，如图6-156所示。单击"播放"按钮或拖动时间轴，反复查看动作变化效果，对动作关键帧进行调整，直到满意。现在看上去它还没有达到不开心的状态，因为面部表情还没有变化，接下来调整面部表情。

图6-156

（5）由于这个模型并没有给眉毛和嘴巴的状态设置控制器，因此用节点动画的方式来调整面部表情。选中"嘴巴"层，在第12帧位置（与骨骼关键帧位置一致），将嘴巴形状调整为向下撤，如图6-157所示。

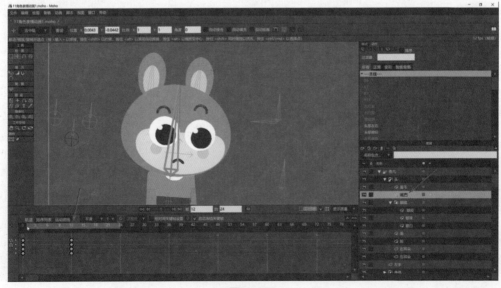

图6-157

（6）用同样的方法将眉毛的形状进行调整，如图6-158所示。

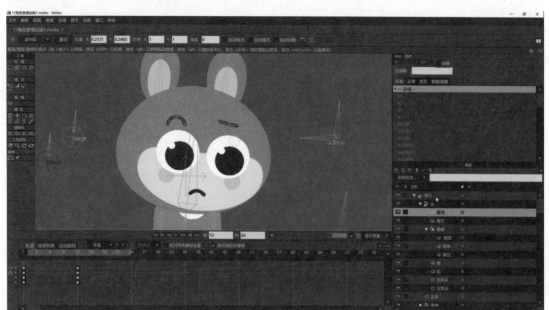

图6-158

（7）回到骨骼层，用骨骼移动的方式将耳朵和眉毛的位置进行调整，使它的造型更生动，如图6-159所示。

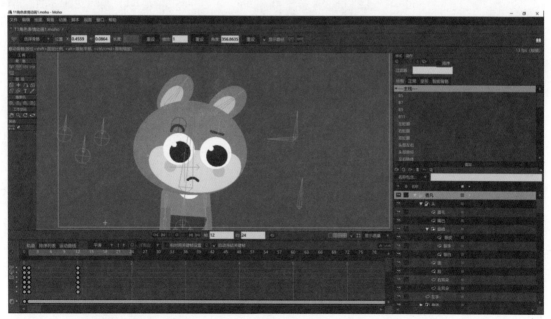

图6-159

（8）将骨骼层的第1帧关键帧复制到第4帧的位置，这样就使角色的1～4帧处于停帧状态（因为它的关键帧是没有变化的），如图6-160所示。相对应角色的眉毛和嘴巴的图形变化也设置1～4帧不动。

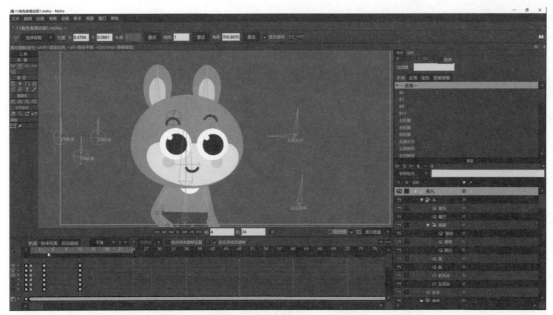

图6-160

（9）保持关键帧停帧还有一个方法：选择需要保持停帧的关键帧，按住Alt键拖动关键帧到需要的位置，这时时间轴上的关键帧由圆点变成长条，如图6-161所示。

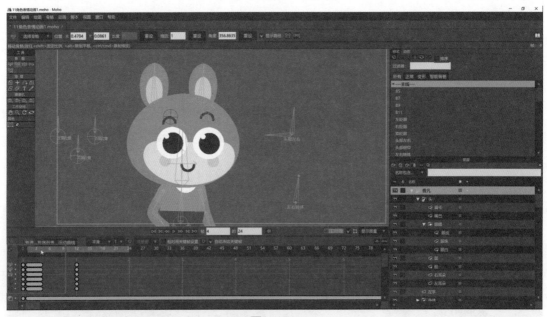

图6-161

（10）设置完停帧之后，表情变化的过程变短了，可能需要调整一下第12帧关键帧的位置，比如调整到第15帧（全选第12帧的关键帧拖动到第15帧），如图6-162所示。这样主动作就设置完成了，接下来对动作做细化调整。

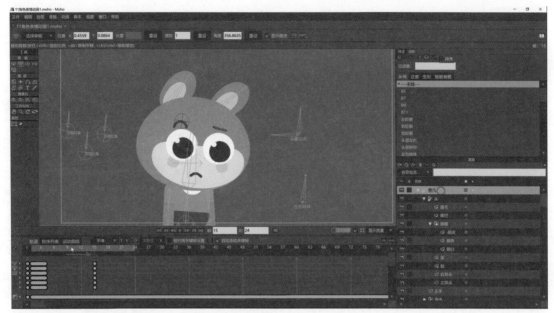

图6-162

（11）调整动作的节奏：将手部的动作与主动作错开节奏，取消勾选时间轴面板中的"自动冻结关键帧"复选框，全选手部的4根骨骼，在时间轴全选第15帧位置的红色时间线上的关键帧（这是当前选择的骨骼的关键帧），拖曳到第12帧位置，如图6-163所示，让手部的动作先于主动作停止。

图6-163

🔘　将身体其他部分的动作节奏与主动作合理地错开，可以使角色的动作更加生动可信。

（12）用同样的方法将耳朵的节奏与主动作错开，将耳朵的关键帧向后移几帧，使耳朵慢于主动作停止，如图6-164所示。

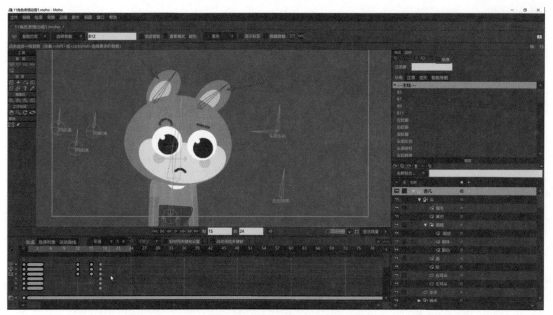

图6-164

（13）播放动作查看效果，还可以继续调整，使左耳朵先于右耳朵1帧停止，如图6-165所示，使动作变化更丰富。

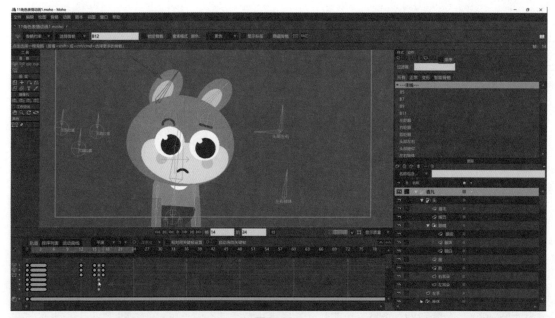

图6-165

还可以继续调整嘴巴和眉毛的动作节奏，使它们滞后于主动作。

（14）给角色添加眨眼动作：在第24帧和第30帧位置，选择操纵骨骼工具，单击（不要旋转）"双眨眼"控制器，在时间轴打上一个关键帧，如图6-166所示。这样就确定了眨眼的时间范围（第24帧和第30帧都是正常的睁眼状态）。

图6-166

（15）在第27帧将"双眨眼"控制器向左旋转，使眼睛闭合，如图6-167所示。

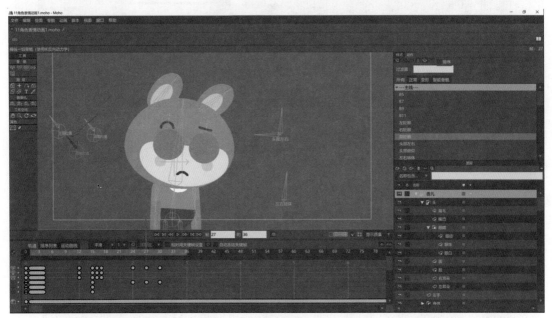

图6-167

（16）播放动画查看全部动画效果，也可以渲染视频查看，渲染视频查看最终的动画效果是最准确的，当有些工程文件太大或者动作太复杂时，在软件内预览看到的效果与最终输出的效果有偏差。及时保存工程文件，或者输出动画。

香凡角色表情
动画工程文件

6.5.2 角色行走动画

香凡角色行走　香凡角色行走动
动画效果　　　画制作微视频

角色的行走动作是在实际工作中经常需要制作的动画内容，本案例将利用角色模型制作一个侧面的行走动画，通过本案例实操可以进一步加强对Moho动画动作制作方法的理解。查看动画效果请扫描左侧二维码。

（1）设置工程：打开角色模型工程文件，单击"文件"菜单下的"工程设置"，将工程的"宽度"设为"1920"，"高度"设为"1080"，"帧率"设为"12"，如图6-168所示，单击"确定"按钮。

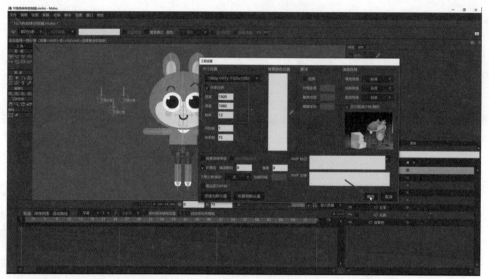

图6-168

（2）在"背景色"层上新建一个"地面"矢量图层，在图层中绘制一个矩形作为地面，方便参考地面位置，如图6-169所示。

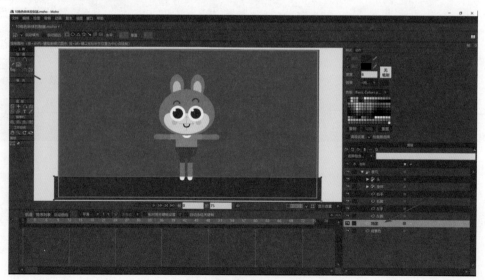

图6-169

（3）选中"香凡"骨骼层，在0帧位置，用操控层工具将图层缩放至合适大小，并移动到合适的位置，如图6-170所示。这样就确定好了角色的主要位置和大小。

图6-170

（4）勾选时间轴"自动冻结关键帧"复选框，在第1帧位置，将角色的姿势调整成侧面行走的关键帧状态，如图6-171所示。注意同边的手脚运动方向要相反，"左手"和"左脚"层要调整到"身体"层组的上方。

图6-171

如果在调整脚的弯曲时，发现弯曲的方向反了，使用转换骨骼工具将小腿骨骼旋转一下即可解决。

（5）关闭"背景色"层显示，打开时间轴上的"洋葱皮"功能，显示第1帧的剪影，在第7帧位置，用选择骨骼工具全选所有骨骼，再用转换骨骼工具将图形平移到下一个关键帧位置，如图6-172所示。注意脚的位置要对准，否则会产生滑步现象。

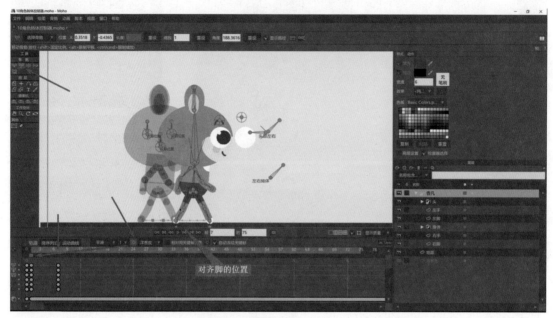

图6-172

（6）调整手脚的骨骼位置，使这一帧关键帧手脚的姿势与第1帧相反，如图6-173所示。

图6-173

（7）由于第三个关键帧的姿势和第一个关键帧一样，只是整体位置发生了变化，因此可以复制第1帧的关键帧粘贴到第13帧位置，然后全选所有骨骼并平移到合适位置，如图6-174所示。这样就完成了行走动画3个关键帧状态的制作，单击"播放"按钮查看动作效果。接下来制作行走的起伏姿势变化。

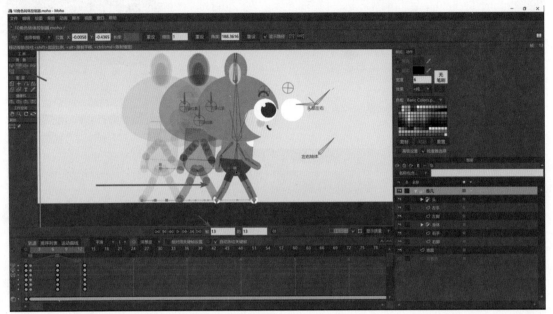

图6-174

（8）取消勾选"自动冻结关键帧"复选框，在第4帧位置，将角色总控骨骼向上移动至右腿伸直状态，如图6-175所示。此时角色处在行走动画中的最高状态。

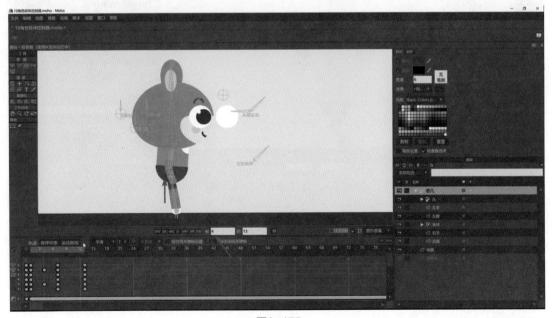

图6-175

（9）同样在第4帧位置，将左脚抬起弯曲至合适状态，如图6-176所示。注意不要移动右脚。

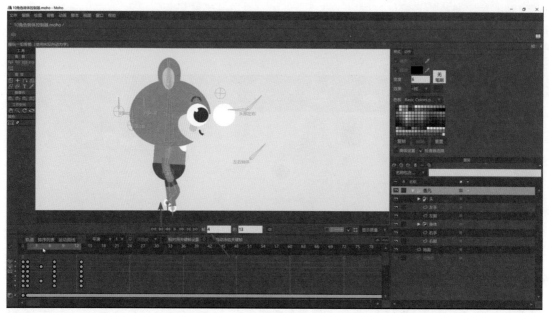

图6-176

（10）同样的方法处理第10帧的姿势，它和第4帧的姿势以及高度都一样，只是脚相反，如图6-177所示。单击"播放"按钮查看动画效果。

图6-177

（11）处理耳朵的跟随动画效果：在第4帧和第10帧的位置，将耳朵分别向左后旋转至合适位置，如图6-178所示。因为这两帧位置是角色的最高点，耳朵的运动滞后一些。单击"播放"按钮查看耳朵跟随动画效果。至此，角色完整一步的行走动画制作完成。

图6-178

（12）设置角色一直向前循环行走的动作：全选第13帧的关键帧，右击，在弹出的快捷菜单中选择"循环"，在弹出的"关键帧"对话框中将"绝对"值设为"2"（意味着这个循环是从第2帧到第13帧范围，因为第1帧和第13帧是一样的）。然后勾选"累计循环"复选框，如图6-179所示。这样角色就能一直向前运动，将预览帧范围设置到72帧，单击"播放"按钮查看动画效果。

图6-179

（13）制作角色在行走过程中的转头等变化：选择"头部左右"控制器骨骼，在时间轴上选择这根骨骼的角度关键帧，如图6-180所示，按Delete键删除。

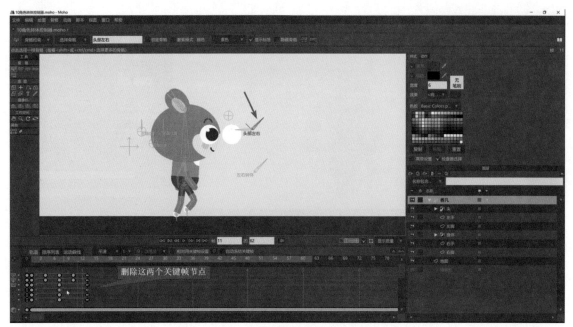

图6-180

（14）用操纵骨骼工具在第12帧的位置单击一次"头部左右"控制器骨骼，时间轴第12帧出现一个角度关键帧节点，如图6-181所示。

图6-181

（15）在第22帧位置将头部转向如图6-182所示的位置。

图6-182

（16）第36帧再单击一次"头部左右"控制器骨骼，给它创建一个关键帧节点，如图6-183所示，使角色头部第22帧到第36帧保持不动。

图6-183

（17）在第45帧位置将"头部左右"控制器骨骼转向右侧面，如图6-184所示。单击"播放"按钮查看动画效果，此时角色在行走过程中会有转头的变化。

图6-184

（18）利用转换骨骼工具在第22、第36、第45帧位置，移动"双眼位置"控制器，使角色头部转向观众时眼神看向观众，头部转向前方时眼神看向前方，如图6-185所示。

图6-185

（19）通过操纵"双眨眼"控制器骨骼，给角色在第17帧至第23帧做一个眨眼动作，如图6-186所示。单击"播放"按钮查看动画效果，此时角色的行走动作已经比较生动。

图6-186

（20）按Ctrl+E快捷键渲染视频，查看最终的动画效果，如图6-187所示。

图6-187

香凡角色行走动
画工程文件

第 **7** 章 | 位图角色模型与动画

制作位图角色动画是Moho的优势之一，利用骨骼、权重、切换、三角形化2D网格等功能创建位图角色模型，能够制作优质的位图角色动画效果，主要包含图形处理、骨骼创建与设定，以及模型动画3个流程环节（如图7-1所示）。

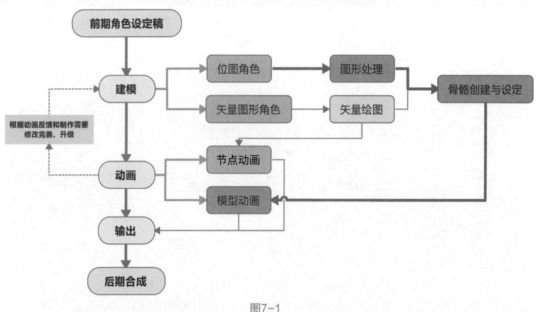

图7-1

本章主要介绍Moho制作位图角色模型与动画的相关知识点、应用方法和使用技巧。通过本章的学习，掌握综合运用Moho工具进行位图角色动画制作的知识技能。

7.1 实训案例

萌蚊出击动画
效果视频

7.1.1 萌蚊出击

该案例利用位图角色（如图7-2所示）进行动画创作，需要综合运用绘图、骨骼、绑定、模型动画等相关知识完成，本案例主要是利用灵活绑定的方式控制位图进行动画。

🔘 蚊子图片素材来源于网络公开资料。

位图角色动画的细分工艺流程如图7-3所示，其中图形处理部分可细分为结构拆分和结构修补环节，骨骼创建与设定部分可细分为导入Moho、创建骨骼、骨骼绑定和骨骼设定环节，完成了骨骼创建与设定的模型就可以制作模型动画了。

图7-2

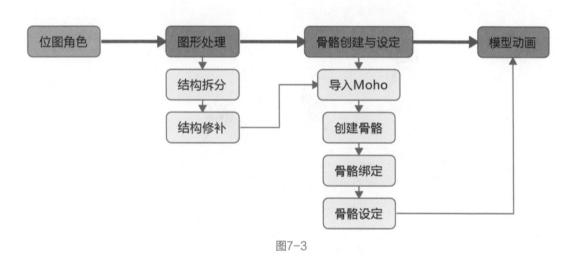

图7-3

1. 图形处理

一个设计好的位图角色在正式进入Moho制作动画之前，需要将图形进行必要的处理，以便更好地控制位图和避免出现穿帮，图形处理主要包含结构拆分和结构修补两个部分。

1）结构拆分

结构拆分一般都在Photoshop或其他绘图软件中完成，**结构拆分是将角色需要独立运动的结构拆分成单独的层，目的是避免在运动时图形产生粘连干扰。**某些设计图在设计时可能是分层处理的，即使这样，正式进入Moho制作动画之前也需要仔细检查图层，将不需要独立分层的图形合并，将需要拆分的独立分层。

萌蚊出击图片
素材

萌蚊出击图层拆
分制作微视频

在Photoshop软件中将蚊子图片拆分成多个独立的图层，如图7-4所示。

图7-4

2）结构修补

结构拆分后由于遮挡关系，部分区域出现残缺，**结构修补就是指将拆分后的结构修补完善，目的是避免在后期制作动画时出现穿帮，以及拓展角色运动更多的可能性。**修复时需要注意结构和色彩光影的合理性。

（1）将各结构图层残缺部分修复完整，如图7-5所示。

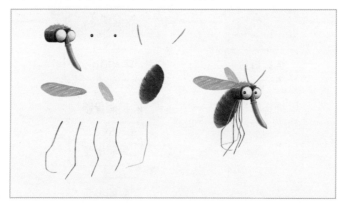

图7-5

（2）修复完成后整理图层，调整好图层之间的层次关系，并分别命名，如图7-6所示。

萌蚊出击图形修
补制作微视频

萌蚊出击图形处理
后psd素材文件

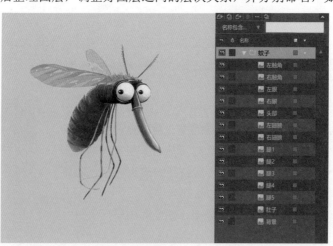

图7-6

2. 骨骼创建与设定

（1）导入图像：新建一个工程，在0帧位置，单击"文件"菜单栏"输入"中的"图像"命令，在弹出的对话框中打开修补好的psd图像，这时Moho会弹出一个对话框询问以何种方式导入图层，选择"单独"将psd文件中的所有图层都单独导入，如图7-7所示。

萌蚊出击骨骼创建与设定微视频

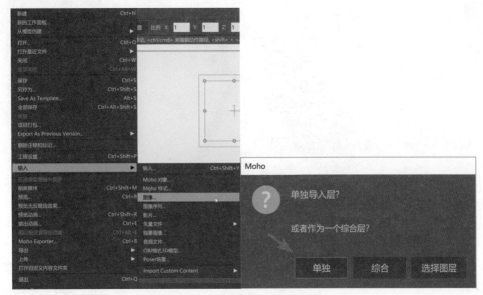

图7-7

（2）将构成蚊子的层组转换成骨骼层，将作为背景的颜色层放置在蚊子层组下方，如图7-8所示。

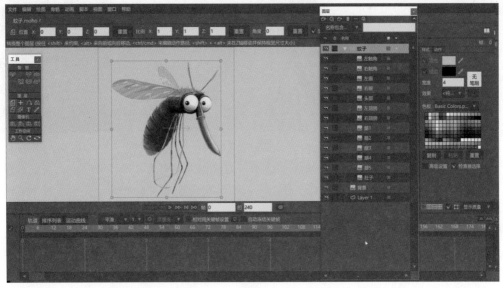

图7-8

注意：如果psd文件图层命名为中文，图层导入后可能会出现乱码，这是软件对中文支持还不完善的原因导致，这时需要手动将图层重新命名。

（3）创建骨骼：使用增加骨骼工具 ，在蚊子的头部与肚子交接处创建一根控制角色位置的总骨骼（这个位置方便头部和肚子的旋转移动），骨骼权重设置为0（正常情况下总控骨骼不需要权重影响），如图7-9所示。

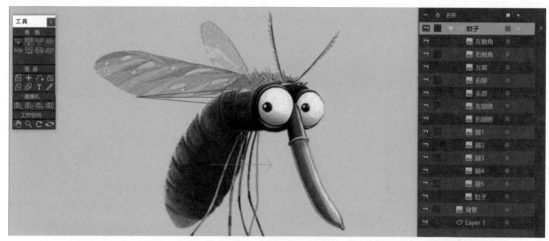

图7-9

（4）以总控骨骼为父骨，创建头部以及头部吸管的骨骼，将骨骼权重调整为合适的大小（后续需要应用到灵活绑定功能），使权重刚好覆盖骨骼控制的区域，如图7-10所示。

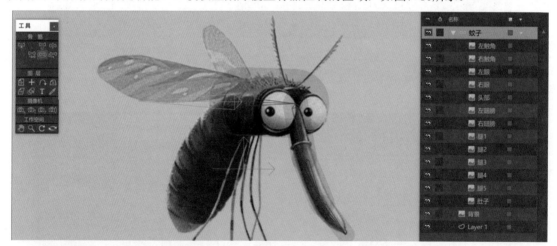

图7-10

　吸管骨骼的数量不一定只是3根，更多的骨骼可以使图像做出更大幅度的弯曲，要看对未来动画设计的要求，如果动画不需要太大的弯曲，那么这个案例中3根骨骼即可，在位图动画中过分的弯曲可能使图像失真。

（5）创建两只眼珠的点骨骼，分别作为头部骨骼的子骨，设置骨骼权重为0（后续眼珠用层绑定即可），如图7-11所示。

图7-11

（6）以**头部**骨骼为父骨，分别创建两只翅膀的骨骼，将骨骼权重调整为合适的大小，如图7-12所示。

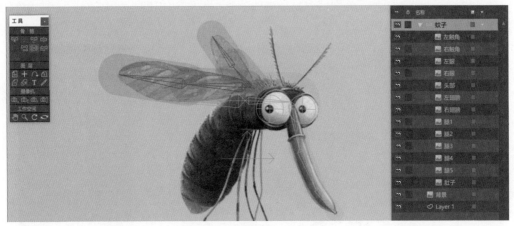

图7-12

（7）以头部骨骼为父骨，分别创建两根触角的骨骼，将骨骼权重调整为合适的大小，如图7-13所示。

图7-13

（8）以总控骨骼为父骨，创建肚子的骨骼，可以将肚子的每一节创建一根骨骼，将骨骼权重调整为合适的大小，如图7-14所示。

图7-14

（9）以头部骨骼为父骨，分别创建蚊子脚的骨骼，每只脚创建3根骨骼控制，将骨骼权重调整为合适的大小，如图7-15所示。

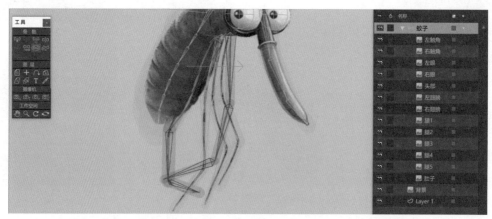

图7-15

（10）完成骨骼创建后的骨骼父子关系，如图7-16所示。

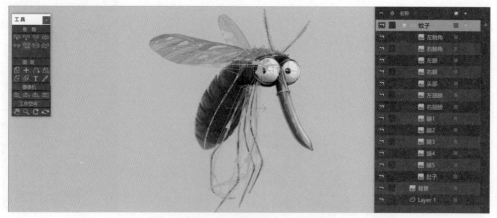

图7-16

（11）骨骼绑定：选择"左触角"图层，利用选择骨骼工具▨同时选中控制左触角的两根骨骼，在"骨骼"菜单栏中单击"为灵活绑定使用选定的骨骼"命令（快捷键为Ctrl+Shift+F），将"左触角"图层灵活柔性绑定在当前选中的骨骼上，这样"左触角"图层就只受到这两根指定骨骼的控制，如图7-17所示。

图7-17

（12）绑定完成后利用操纵骨骼工具▨测试查看绑定效果，调试骨骼权重或骨骼大小位置等，使绑定效果尽可能接近设计需要，如图7-18所示。

图7-18

（13）用同样的方法将右触角、头部、翅膀、肚子以及腿的结构做绑定骨骼，即选中需要绑定的图层，然后选择控制这个图层的一根或多根骨骼，再单击"为灵活绑定使用选定的骨骼"命令把它们绑定起来。在绑定"肚子"图层时注意，可以将头部骨骼纳入对"肚子"图层的控制中，这样肚子在运动中受到头部骨骼位置的影响，从而更好地控制肚子运动，如图7-19所示。也可以尝试不将头部骨骼纳入，然后查看它们之间的区别。

📄　要想取消图层中已经灵活柔性绑定的骨骼，可以选中想要取消绑定的图层，在"骨骼"菜单栏中单击"为灵活绑定使用所有的骨骼"命令。

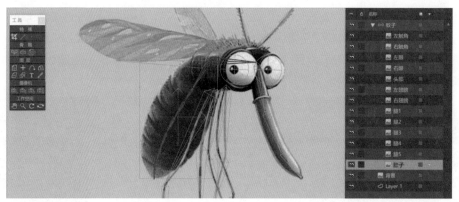

图7-19

（14）将两个**眼珠**分别进行层绑定：选中"左眼"图层，使用捆绑层工具 单击控制左眼的点骨骼，即可完成层绑定，如图7-20所示。

图7-20

（15）在整个骨骼绑定的过程中，需要随时测试绑定效果，及时修正错误和缺陷。

（16）骨骼设定：给两个眼珠添加控制左右转动的智能骨骼，创建一个独立的骨骼（B38），将骨骼的最小/最大角度设置为-45/45，如图7-21所示。

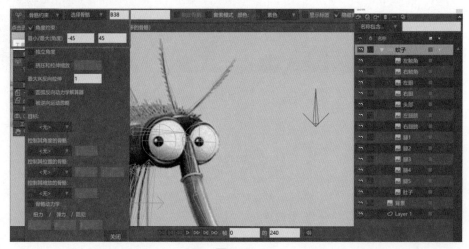

图7-21

（17）使用选择骨骼工具选择"B38"骨骼，单击"动作"面板中的"新建动作"按钮，创建"B38"骨骼的智能动作控制并进入动作编辑模式，在"蚊子"骨骼图层的第1帧，利用转换骨骼工具将"B38"骨骼向右旋转45°，然后分别将两个眼珠的点骨骼移动至眼白最右位置，如图7-22所示，注意将所有关键帧类型设置为"线性"。

图7-22

（18）双击"动作"面板中的"主线"，回到常规编辑模式，使用操纵骨骼工具测试眼珠控制器效果，如图7-23所示。

图7-23

（19）再次使用选择骨骼工具 选择"B38"骨骼，单击"动作"面板中的"新建动作"按钮，创建"B38"骨骼的第二个智能动作控制并进入动作编辑模式，此时新的动作名称被自动命名为"B38 2"（注意中间的空格字符），在"蚊子"骨骼图层的第1帧，使用转换骨骼工具 将"B38"骨骼向左旋转45°，然后分别将两个眼珠的点骨骼移动至眼白最左位置，关键帧类型设置为"线性"，如图7-24所示。

图7-24

（20）用同样的方式创建一个控制眼珠上下运动的控制器，如图7-25所示。

图7-25

（21）眼珠控制器创建完成后回到正常编辑模式，分别测试两个控制器控制眼珠上下、左右运动的情况，再测试同时控制眼珠的效果，如图7-26所示。

图7-26

（22）为了赋予角色动作更多的表演可能性，给角色添加一个眨眼的动作控制。由于原图没有眼皮结构，可以新建一个"眼皮"图层绘制创建眼皮，眼皮由4部分组成，颜色取与头部接近的颜色，如图7-27所示。

图7-27

（23）再创建一个"眼框"图层放置在眼皮图层下方，根据蚊子两个眼框的形状绘制创建眼框，绘制眼框的作用是控制眼皮的显示范围，如图7-28所示。

图7-28

（24）将"眼皮"和"眼框"图层创建在"双眼皮"层组内，开启层组遮罩，设置"眼皮"为"被遮罩层"，"眼框"为"遮罩层并隐藏该层"，测试遮罩效果，并将眼皮调整为完全打开状态（看不到眼皮），如图7-29所示。

图7-29

设为遮罩层并隐藏该层，这个功能可以让该层起到遮罩效果，但又不显示本层图形。

（25）创建一个新的智能骨骼"B40"，设角度约束最小角度为-45，用来控制眼皮的眨眼动作，如图7-30所示。

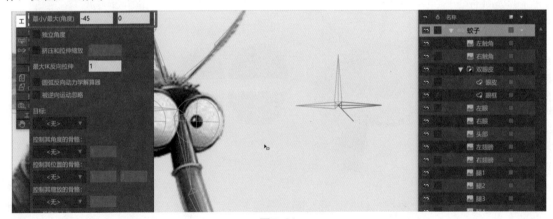

图7-30

（26）使用选择骨骼工具 选择"B40"骨骼，单击"动作"面板中的"新建动作"按钮，创建"B40"骨骼智能动作控制并进入动作编辑模式，在第24帧位置，利用转换骨骼工具 将"B40"骨骼向下旋转45°，关键帧类型设为"线性"，如图7-31所示。

图7-31

（27）继续在动作编辑模式下，选择"眼皮"图层，在第24帧将眼皮调整为闭眼状态，关键帧类型设为"线性"，如图7-32所示。

图7-32

（28）返回正常**编辑**模式，查看控制器效果，检查目前为止3个控制器的父子关系，可以将它们的父级设为总控骨骼，如图7-33所示，这样方便智能骨骼跟随角色一起移动，同时将控制器的骨骼权重全部设为0。至此，该案例的骨骼设定完成，它已经成为一个可以制作的动画的角色模型。

萌蚊出击骨骼创建
与设定工程文件

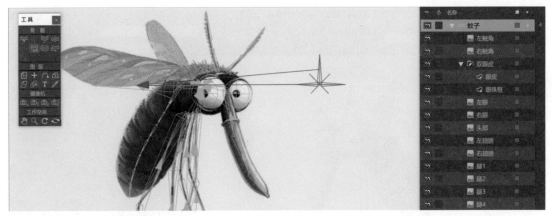

图7-33

3. 模型动画

萌蚊出击动画
制作微视频

预设蚊子的动作为：从左边画面外入画飞到指定位置，然后做一个短时间的悬停，再转向画面左边似乎发现了什么，接着快速出画。可以把动作分为两段来处理，第一段为入画到悬停，第二段为转向到出画。

首先处理第一段：

（1）确定动作的主要位置和时间：打开自动冻结关键帧功能，打开"洋葱皮"功能方便查看参考位置关系，利用转换骨骼工具，操控总控骨骼，分别在第1帧（画外的起始位置）、第48帧（入画到位后的位置）、第60帧（悬停起伏的高点）、第72帧（悬停起伏的低点）创建位置，如图7-34所示。

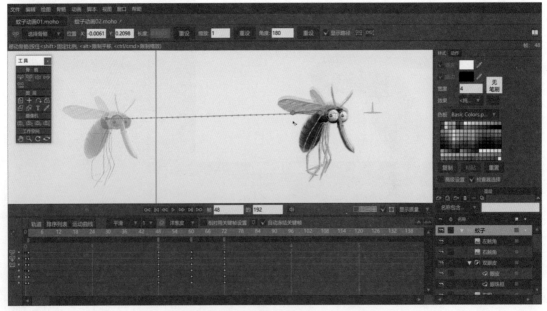

图7-34

（2）现在看上去第1~48帧的过程有些单调，操纵总控骨骼在第17帧和第34帧设置两个新的位置，使蚊子的飞行轨迹看上去有个曲线幅度，并设置第17帧的总控骨骼移动时间线关键帧类型为"贝塞尔",调整贝塞尔运动曲线,将第17~34帧的运动设置为减速运动,如图7-35所示。

图7-35

(3)使用操控层工具█,在第1帧将"蚊子"骨骼层缩小50%,第48帧保持100%,这样蚊子在飞入画的过程会由小变大,看上去有些透视的效果,如图7-36所示。

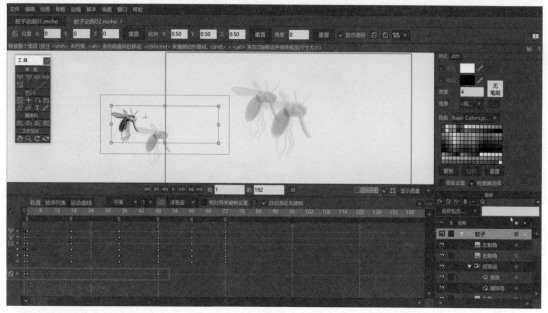

图7-36

(4)在第17帧飞行轨迹的最低处,将姿势进一步细化调整为飞行的状态:吸管向前伸,触角、肚子和脚向后拖拽,如图7-37所示。

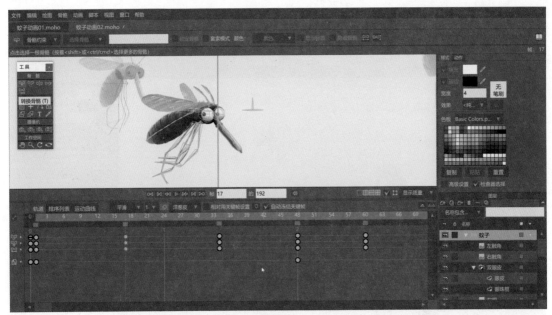

图7-37

（5）在第34帧飞行轨迹的最高处，将姿势调整为飞行的缓冲状态：吸管向后，肚子弯曲，脚提起展开，如图7-38所示。

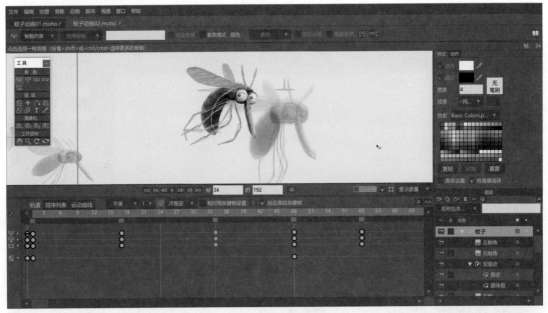

图7-38

（6）给第60帧（悬停起伏的高点）和第72帧（悬停起伏的低点）加上一定的结构跟随变化，使动画看上去更生动，如图7-39所示。

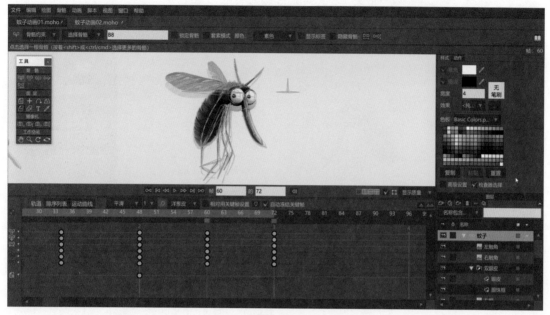

图7-39

（7）制作蚊子悬停起伏的循环：复制第72帧的所有关键帧到第96帧，复制第60帧的所有关键帧到第84帧，设置第96帧的关键帧为"循环"类型，循环帧范围为73~96帧，如图7-40所示。

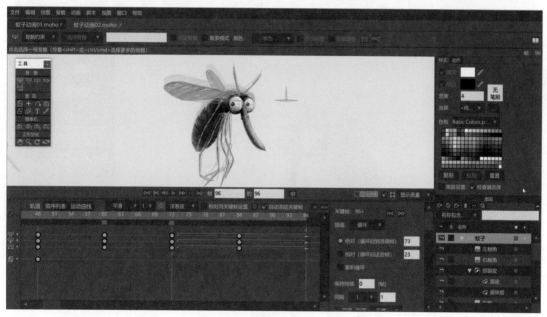

图7-40

（8）制作翅膀扇动动画：同时选择控制翅膀的4根骨骼，删除红色时间线上除0帧和第1帧之外的所有关键帧，以清空这4根骨骼在前面制作动画时产生的不必要关键帧，如图7-41所示。

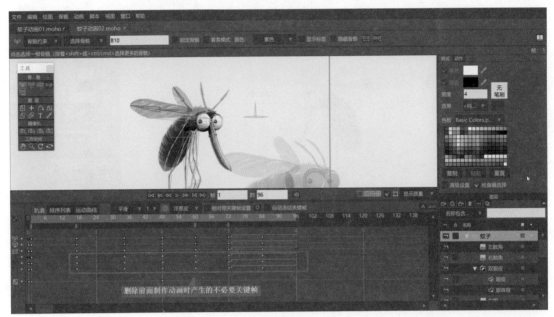

图7-41

（9）在第2帧位置将翅膀调整为向下状态，并将关键帧设置为"循环"类型，从第2帧循环到第1帧，如图7-42所示。播放动画，翅膀将一直循环扇动。

图7-42

（10）控制智能骨骼，在第48帧到第52帧之间插入一个蚊子眨眼以及眼球的变化，如图7-43所示。播放动画查看动作效果。第一段动画制作完成。

图7-43

接下来处理第二段动画：蚊子转向画面左边似乎发现了什么，接着快速出画。

（11）第二段动画的制作就不列出详细步骤了，读者可以看操作视频学习，本书提供关键帧画面以供参考，如图7-44所示。

图7-44

（12）完善动作过程中的节奏、跟随运动、压缩和拉伸变形等细节，完成动画的制作，反复检查动画效果，最后渲染输出。

7.1.2 活动的狗

本案例（如图7-45所示）主要应用"三角形化2D网格"功能实现对位图的控制，该功能可以将矢量节点自动进行三角形化连接，形成三角形化的网格控制区域，通过控制区域的网格形变来智能扭曲变形指定的图层。通过本案例的练习熟悉三角形化2D网格功能的应用方法。

活动的狗动画
效果视频

活动的狗素材
文件

活动的狗动画
制作微视频

图7-45

（1）新建一个工程，导入"猫狗"位图，如图7-46所示。

图7-46

（2）新建一个矢量图层，利用增加节点工具 将狗的轮廓和主要结构线描绘出来，描绘时打开增加节点工具的"尖角"功能描绘直线，如图7-47所示。

图7-47

（3）描绘只需要路径即可，不需要着色，描绘结构时注意：如果某个结构后续需要制作动画，应当将这个结构动作时影响的外围区域也描绘出来。例如眼睛结构，考虑到后续要实现眨眼动作，因此将眼眶骨骼的范围大体描绘出来，后续就可以将眨眼动作影响的范围控制在这个范围内，如图7-48所示。

图7-48

（4）选中绘制了结构路径的矢量图层（Layer 3），单击"绘图"菜单栏中的"三角形化2D网格"命令，Moho会自动将所有节点用三角形连接绘制出来，如图7-49所示。

图7-49

（5）被三角形覆盖的区域就是可以利用网格控制的区域，可以利用删除边线工具 ，将不必要的三角形线段删除，如图7-50所示。

图7-50

（6）打开"猫狗"图层的"层设置"，在"图像"标签"智能扭曲图层"中选择"Layer 3"图层（创建了三角化网格的图层），这样一来"猫狗"图层就受到三角化网格图层的控制，如图7-51所示。

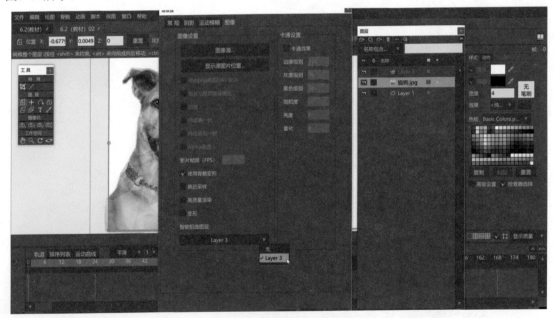

图7-51

（7）将时间轴指针拖移至非0帧的位置，这时发现"猫狗"图层只显示被三角化2D网格覆盖区域的图形，猫没有被覆盖所以不见了，如图7-52所示。

活动的狗动画
工程文件

图7-52

（8）选择"Layer 3"图层，在非0帧控制节点移动，发现相应的位图也会产生变化，如图7-53所示。

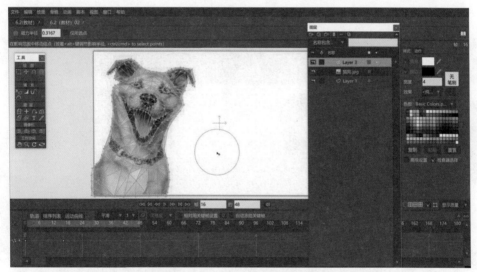

图7-53

（9）利用"三角形化2D网格"功能制作位图动画，如图7-54所示。

图7-54

7.1.3　诸葛亮说话

本案例（如图7-55所示）主要展示：如何利用一个"三角形化2D网格"图层来控制多个图层，结合骨骼以及磁铁等工具的运用，对位图角色进行一定程度的转面动画。

诸葛亮说话效
果视频

诸葛亮说话素
材文件

诸葛亮说话制
作解析视频

图7-55

（1）新建一个工程文件，导入角色psd文件，将角色进行简单绑定，如图7-56所示。

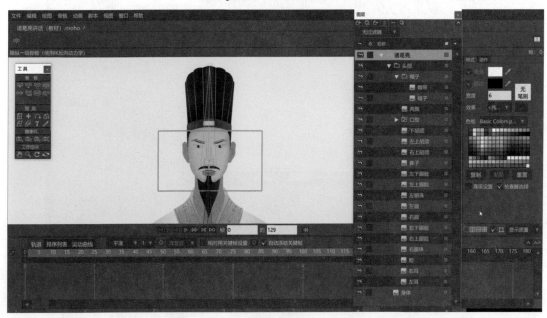

图7-56

（2）新建一个矢量图层（Layer 20），根据角色的头部结构，绘制路径，并使其成为三角形化2D网格，如图7-57所示。

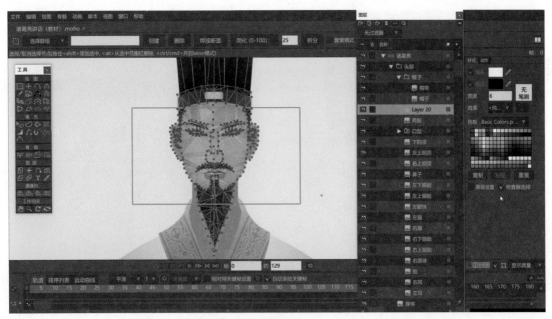

图7-57

（3）将需要受"Layer 20"图层控制的位图图层全选，然后打开"层设置"中的"图像"标签，指定"智能扭曲图层"为"Layer 20"，这样"Layer 20"图层就可以同时控制所有相关图层，如图7-58所示。

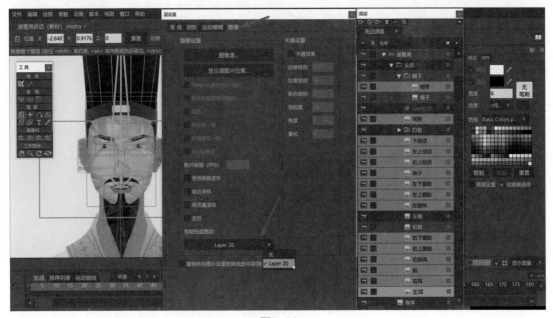

图7-58

（4）在非0帧尝试移动"Layer 20"层的节点，查看效果，如图7-59所示。

图7-59

（5）使用捆绑层工具 将"Layer 20"图层绑定在头部骨骼上，使头部骨骼控制"Layer 20"层，这样在后续做动画时网格层和其他图层一起同步，如图7-60所示。

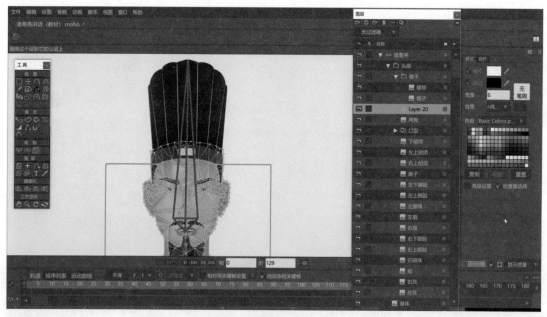

图7-60

（6）利用已经完成的模型制作位图动画（如一定程度的转面），如图7-61所示。

诸葛亮说话工程文件

还可以创建智能骨骼来控制网格节点的变化，进而通过智能骨骼实现位图角色转面等效果。

图7-61

7.2　学习资源

本节提供的学习资源主要是一些位图动画案例的解析，以及几个位图动画的实用技巧。

位图动画案例解析　　利用图像描摹快速获得位图轮廓　　利用脚本获得网格动画

7.3　实用小技巧

（1）利用删除边线工具批量删除线段时，可以按住向左键不放，鼠标指针经过的线段会被自动删除。

（2）利用磁铁工具可以快捷地控制多个节点的移动。

（3）"三角形化2D网格"不仅可以智能扭曲控制位图，还可以控制矢量图层。

（4）利用图像描摹快速获得位图轮廓。

（5）使用三角形化2D网格控制位图时，如果节点线段比较多，影响直观效果，可以关闭显示曲线，以便更清晰地看到控制结果。

（6）关闭三角形化2D网格图层的显示，可以不显示三角化网格的透明色块，不影响操控且预览更清爽。

7.4 常见问题

1. 三角形化2D网格控制不了图层，怎么办？

解决办法：

（1）查看被控制图层的"层设置"中，"智能扭曲图层"是否指定为三角形化2D网格图层。

（2）查看时间轴指针是否在非0帧。

2. 矢量图形执行过一次三角形化2D网格后，发现网格不够完善，还可以删除或添加节点吗？

可以。解决办法：

（1）删除节点：直接删除不想要的节点，再执行一次三角形化2D网格命令。

（2）添加节点：在图层上添加节点，再执行一次三角形化2D网格命令。

3. 打开Moho工程文件时，出现找不到图片素材的提示，怎么办？

解决办法：软件找不到相关图片素材文件，是因为工程文件链接的素材文件路径或名称发生了改变，在储存包含其他素材的工程文件时，应当将工程进行"项目打包"处理，这样无论是在本设备还是在其他设备上都能顺利打开。

4. 在使用骨骼权重控制位图时，出现一些意外的移动，怎么办？

解决办法：

（1）检查被意外移动的层，查看它是被哪些骨骼控制，取消不必要的控制骨骼。

（2）查看被意外移动的层是否指定了控制它的骨骼，如果没有，那么它将受到其他所有骨骼的权重影响。